PUHUA BOOKS

我们一起解决问题

科技投资新时代

TMT投资方法、趋势与热点聚焦

马军 宋辉 段迎晟◎著

人民邮电出版社
北京

图书在版编目（CIP）数据

科技投资新时代 ： TMT投资方法、趋势与热点聚焦 / 马军，宋辉，段迎晟著．-- 北京 ： 人民邮电出版社，2018.4（2018.5重印）
ISBN 978-7-115-47949-5

Ⅰ．①科… Ⅱ．①马… ②宋… ③段… Ⅲ．①科学技术－技术投资－研究 Ⅳ．①G301

中国版本图书馆CIP数据核字(2018)第033820号

内容提要

中国 TMT 行业（科技、媒体及通信）起步较晚但充满朝气。2017 年，TMT 板块的 IPO 数量占到了总数的四分之一；对于投资者来说，投资 TMT 的收益非常可观。那么，TMT 的投资趋势如何？ TMT 行业又有哪些投资热点？

本书立足于 TMT 投资现状，在介绍了 TMT 投资的基本概念之后，作者详细讲述了 TMT 投资的基本研究方法、分析视角、整体行情及趋势分析，同时从行业视角分析了包括大数据、云计算、人工智能、物联网、5G、3D 成像、全面屏等投资热点，为投资者投资 TMT 提供了系统的方法和工具。

本书是所有 TMT 投资从业者的案头书，也是 TMT 投资者的行动指南。

◆ 著 马 军 宋 辉 段迎晟
责任编辑 贾淑艳
责任印制 焦志炜
◆人民邮电出版社出版发行 北京市丰台区成寿寺路 11 号
邮编 100164 电子邮件 315@ptpress.com.cn
网址 http://www.ptpress.com.cn
大厂聚鑫印刷有限责任公司印刷
◆开本：700×1000 1/16
印张：17 2018 年 4 月第 1 版
字数：250 千字 2018 年 5 月河北第 2 次印刷

定 价：69.00 元

读者服务热线：（010）81055656 印装质量热线：（010）81055316
反盗版热线：（010）81055315
广告经营许可证：京东工商广登字20170147号

FOREWORD
推荐序

科技投资新时代，唯一不变的就是一切都在变

这是一个充满变化的时代，当今世界正在经历一场革命性的变化。正在全球展开的信息技术革命，正以前所未有的方式对社会变革的方向起着决定作用，在这个时代，唯一不变的就是一切都在变。

而在这一切的变化中，TMT 行业的发展格外引人关注。TMT 是科技、媒体及通信（Technology，Media，Telecom）三个英文单词的首字母缩写，其是未来互联网（科技）、媒体和通信，包括信息技术互相融合的趋势所产生的大背景下的一个产业。作为近年来备受私募及创投（PE/VC）投资机构关注的高成长领域，科技、媒体及通信行业具有较其他行业更为持久的活力。

在 TMT 行业中，有很多值得大家关注的焦点。中国 4G 和宽带的建设创造了世界纪录，5G 时代正在由我们推进；宽带作为信息社会的一个战略性公共设施已经得到全社会普遍重视，中国光线宽带的发展正如火如荼；人们

已经从纸质阅读转向电子屏幕阅读，从深度阅读转向浅层阅读，新兴媒体正在改变人们的阅读方式，同时也在改变着媒体的发展方式。凡此种种，无不彰显着 TMT 行业的发展和变革。

而科技和投资的融合正在开启科技投资的新时代。数据显示，2016 年下半年 TMT 行业共实现 1 478 起 PE/VC 投资，投资总额达到 250.2 亿美元。其中，第三季度 TMT 行业投资金额下降但占总行业投资总额比率却达到创纪录的 84%，同时，投资数量较上季度大幅攀升，单笔过亿投资数量多达 33 起，为历史最高值。TMT 行业投资的火热程度远远超过其他各行业。

但是，不管是 TMT 投资行业的从业者，还是对 TMT 投资感兴趣的读者，很多人对于如何进行 TMT 投资一知半解甚至完全无解。方正证券的马军、宋辉、段迎晟作为拥有多年产业政策趋势研究经验的行业专家，为读者们奉上了一部具有指导意义的著作。这本书立足于我国科技投资的现状，详细介绍了 TMT 投资的基本研究方法、分析视角、整体行情及趋势分析，同时从行业视角分析了包括大数据、云计算、人工智能、物联网、5G、3D 成像、全面屏等投资热点，列举了一些在 TMT 行业发展过程中具有代表性的企业案例。我想，这本书对于所有想要了解科技投资现状和趋势的读者来说都很有借鉴意义。

了解行业发展趋势，而后发现投资机会、抓住投资机会，是科技投资时代我们能提升个人和企业净值的制胜法宝。在这个唯一不变的就是一切都在变的时代，你需要在行动中扎根于行业，在思维上超越于行业，只有这样，才能收获自己的投资方法和工具。这本书将是你了解行业趋势、紧跟时代发展的指南！

——陈金桥

工业和信息化部信息通信经济专家委员会秘书长

中国信息通信研究院副总工程师

PREFACE
前　言

人之所以犯错误，不是因为他们不懂，而是因为他们自以为什么都懂。

——卢梭

世界经济史是一部基于假象和谎言的连续剧。要获得财富，做法就是认清其假象，投入其中，然后在假象被公众认识之前退出游戏。

——索罗斯

我在信息产业从事研究十多年，后来又进入资本市场从事科技行业投资研究，在这一过程中有一个深刻的感觉，即我们处在一个最好的时代，同时又处在一个最不确定的时代，在这个时代，一切都在变得更快，消失得更快。TMT 行业和相关公司正在产业发展与资本市场中发挥着巨大的作用，然而，包括 TMT 在内的新兴产业最后战胜市场的要素与法器也在随着社会与产业发展不断地变化着，其导致的结果就是 TMT 行业公司估值的变化是最大的红利也是最大的风险。尽管道路是曲折和漫长的，但不管是对实业还是对资本来说，TMT 行业都是未来发展的核心和希望。在投资的过程中，我们需要理性地看待产业和资本，以公司发展为核心，不要被情绪冲昏头脑，更不要不考虑公司的财务状况而做不切实际的幻想。

作为研究人员，我们要以可持续发展的思维看待科技行业的产业发展与资本投资，尽可能地识别行业发展和企业生存的核心要素，以未来的可持续回报为基础构建自己的投资理念。我们有责任与义务去发现那些伟大的、值得投资的公司，为投资者、为产业、为社会做出自己的贡献。

写这本书的目的是让科技行业的研究者和投资者了解 TMT 行业和投资逻辑的变化：在各种技术的广泛融合和深度应用，培育新产业、新业态、新模式成为必然的情况下，资本市场的估值体系正发生着改变，随着推陈出新速度的加快，估值分化变得更加严重。没有永远伟大的公司，只有暂时伟大的公司——只有那些沉下心来，把握时机买入并坚持时间换空间的人才会取得最终胜利。

最后，非常感谢在本书出版过程中，团队成员、产业领域的专家学者、资本市场资深大佬以及家人朋友给予我的支持和鼓励。感谢本书的合作者以及出版社的编辑，当然也感谢我自己最后有勇气来完成这本书。欢迎各位读者批评与指正。

马军

2017 年 9 月

CONTENTS

目　录

附　录

第一章

初窥 TMT 投资

TMT 是科技、媒体及通信（Technology，Media，Telecom）三个英文单词的首字母缩写，是以互联网等媒体为基础将高科技公司和电信业等行业链接起来的新兴产业。作为近年来备受风险投资机构关注的高成长领域，TMT 行业以“创新”为行业发展的根本动力，显示了较其他行业更为持久的发展活力。在中国经济结构转型的当下，其更受投资者青睐。本章将带你初步了解 TMT 行业投资现状。

第一节　TMT 是未来最值得投资的产业之一

1. 第五个经济长波：信息技术在产业和资本中的发酵

按照熊彼特的创新周期理论，技术进步的周期性变化导致了经济的周期性波动，经济长波经历的时间也内在地由技术进步周期性变化的时间决定。近代以来，世界经济发展经历了五个经济长波（如图 1-1 所示）：18 世纪 80 年代进入以纺织工业和蒸汽机技术主导的第一波经济长波；19 世纪中叶进入以钢铁和铁路技术主导的第二波经济长波；19 世纪末到 20 世纪初进入以电气和重化工业主导的第三波经济长波；从 20 世纪 50 年代开始进入汽车和电子计算机为主导技术的第四波经济长波；从 1991 年开始进入了第五个经济发展时代，即信息技术时代，这一时代的代表公司为微软、谷歌以及腾讯。[①]

① 资料来源：陈漓高，齐俊妍 . 信息技术的外溢与第五轮经济长波的发展趋势 [J]. 世界经济研究，2007（7）。

其中，信息产业成为第五波经济发展增长的引擎：世界各国电子信息设备制造业和服务业的增长率是相应 GDP 增长率的两倍左右。

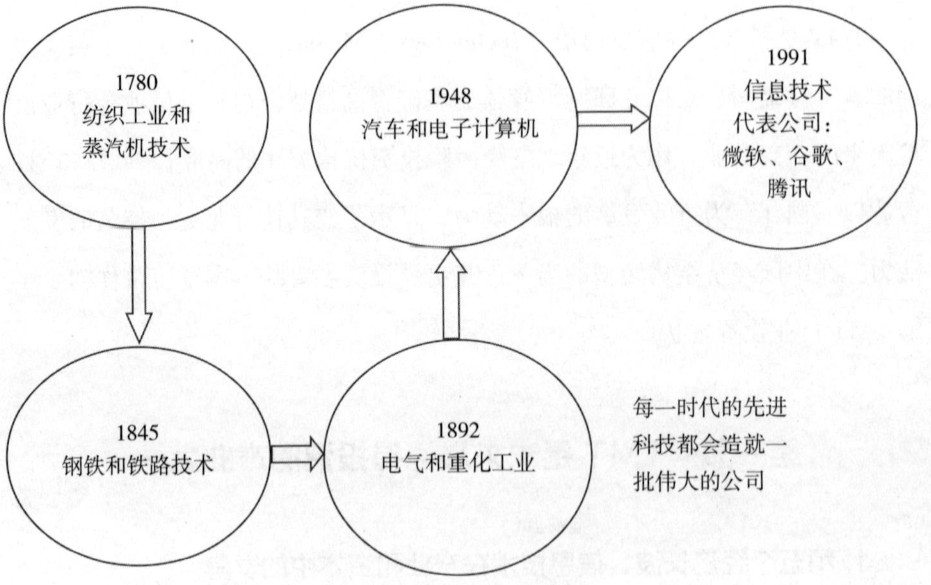

图 1-1　经济发展的时代变化

20 世纪 90 年代中期，发达国家在信息经济领域的增加值超过了 GDP 的 50%，其中美国超过 75%，德国与微电子有关的生产值已占 GDP 的 45%。日本电子信息产业占国民经济的比重由 1980 年的 5.8% 上升到了 1998 年的 12.5%。2000 年，全球电子信息产业总产值 12 813 亿美元左右，是世界最大的产业。目前发达国家由信息技术产业拉动的 GDP 增长比例已经达到了 20%~30%，到 2025 年，这一比例将超过 50%。

整个 TMT 产业导图如图 1-2 所示。

从这个基本导图中，我们可以窥见信息技术产业对一个国家的贡献。在美国，2011 年与 IT 相关的工作岗位同比增长了 22.2%，而传统行业只增长了 0.2%，IT 工人的年薪超过普通工人年薪的 74%。在经济合作与发展组织国家：1996—2008 年间，IT 行业的就业机会增长了 18%，而同期整体就业机会只增长了 12%。从 1995 年到现在，全球信息产业贡献了 GDP 增长的 20%。在资本市场，IT 股票价值上升 10%，相应地带动了 GDP 0.45% 的增长。在全球领先的 13 个国家中，2006 年到 2011 年这一期间互联网贡献了 GDP 增长的 21%。

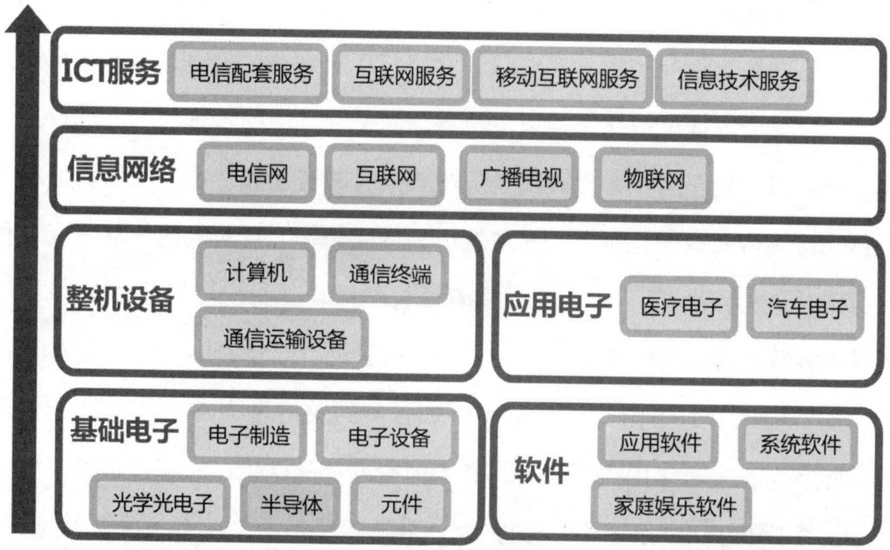

图 1-2　TMT 产业导图

资本市场也给出了自己的答案，图 1-3 列举了 2007 年和 2017 年全球资本市场市值最大的一些公司。从中我们可以看出，到了 2017 年，以信息产业为代表的公司市值占据了资本市场的大部分比重。

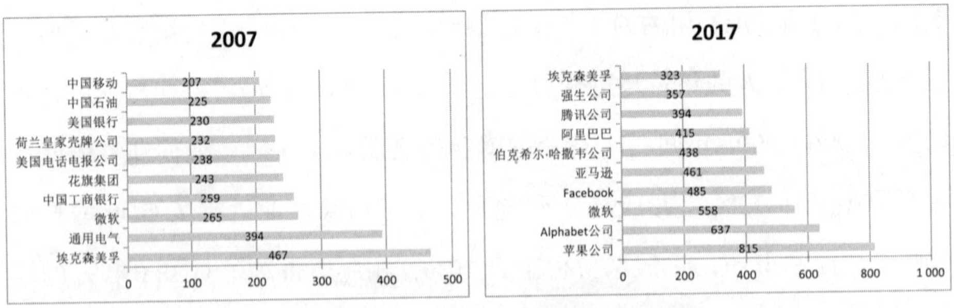

图 1-3 2007 年与 2017 年全球前十大企业市值

资料来源：Gartner。

2. 未来，科技进步的速度将进一步加快，社会贡献更大

从产业发展周期来说，目前的第四次工业革命（亦可以说是“工业 4.0”）深受信息网络世界与物理世界的综合影响，其主要特征是信息技术与实体世界的渗透融合及深度应用，其更多地参与到整个社会的管理当中。培育新产业、新业态、新模式，努力实现经济发展方式的转变和产业结构的调整成为必然，这使得如智能化制造、智慧城市、智能楼宇、智能电网、电动汽车和 3D 打印等成为发展重点。未来，随着科技的进步，我们可以节约 30%~70% 的城市能源，减少 20% 的交通拥挤、15% 的建筑运行成本和 20% 的水消耗。

从目前来看，中国经济未来发展和转型的关键助力在于信息产业。当前，经济增长主要是由内需拉动，其中消费发挥的作用已经超过投资，成为拉动经济增长最重要的引擎，而扩大信息消费是消费结构升级的必然选择。我国正处于人均 GDP 从 6 000 美元迈向 10 000 美元的关键阶段，消费结构呈现出向信息消费等服务类消费演变的趋势。扩大信息消费是促进内需稳定增长的直接动力：着力扩大信息消费可以有效缓解内需不振，开辟经济增长新的来源。2012 年，信息消费占 GDP 的比重为 3.3%，拉动 GDP 增长 0.64 个百分点。到 2015 年，信息消费占 GDP 的比重上升到了 4.5%，拉动 GDP

增长0.55个百分点。目前在中国，信息消费每增加100亿元，将带动国民经济增长338亿元。因此，信息产业的助力非常关键。信息技术具备推动一切传统形态与模式的力量，促进了大量社会资源的分布重组，成为经济发展和社会运行的基本要素。而随着互联网与传统产业的加速融合，互联网在促进经济结构调整，转型经济发展方式等方面发挥着越来越重要的作用。第一，只有信息技术产业可以做到融合发展，加速新兴业态的成长并重塑产业体系，以移动互联网为代表的4C产品[①]创新、制造业与服务业交融互动，可以推动产业组织方式的变革，重塑产业体系和产业规则；第二，内需市场成为我国信息产业发展转型的强大动力，城镇化加快推进，消费结构不断升级，国家重大网络和重大应用的部署（3G、三网融合、物联网、信息化与工业化融合等）创造了巨大的内生市场；第三，在低成本制造优势不断削弱，低成本产业向东南亚等周边国家转移，国内资源能源和环境约束加剧的同时，信息服务业的较高普及水平和电子制造业的高速增长模式已难以为继，亟须从规模优势转化为规模和创新优势相结合，从追求发展数量转向发展质量；第四，以信息化带动工业化，走新型工业化道路必须加强重大装备和关键产品研发，推动高技术向传统产业尤其是支柱性的制造业扩散转移，加快提升高端制造业的自主创新能力，发展智能制造、绿色制造等；第五，在中国向强国迈进的过程中，在军事、信息安全等方面，一定要摆脱“路径依赖”，走出一条适合自己的发展道路。

3. 资本市场信息产业公司的发展都极具阶段性发展特点

从全球来看，单就信息时代，科技行业构成在以约每10年一个周期发

① 4C产品指计算机产品（Computer）、通信产品（Communication）、数码家电（Consumerelectronics）、网络产品（COM）。

生着替换，以 IBM、微软、苹果为代表的高市值企业发展可以清晰地展现出资本从硬件、软件向移动互联网聚集的这一变化。全球前十大科技企业的市值变化如图 1-4 所示。

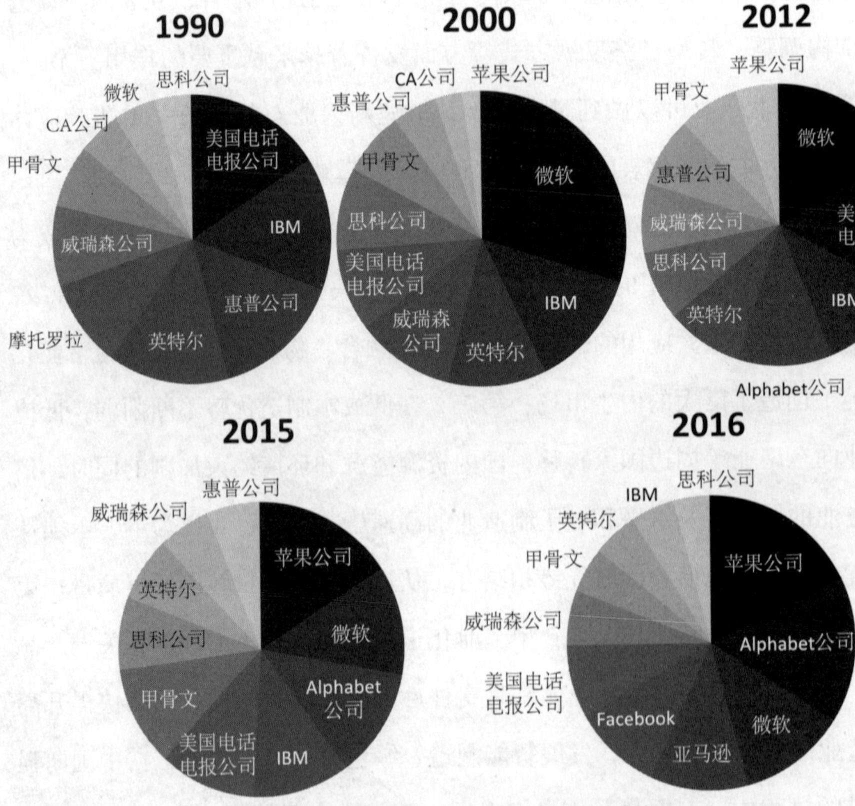

图 1-4　全球前十大科技企业的市值变化

资料来源：Gartner。

1990 年，电信公司和计算机厂商霸占了十大科技企业的席位。IBM 的市值占十大科技企业总市值的 35%，前四大科技企业的市值总和占十大科技企业市值总和的 75%。作为软件厂商的微软也首次登上十大科技企业榜单。到了 2000 年，软件厂商取代硬件厂商成为市场领头羊。随着软件安装热潮的兴起，企业在 IT 方面的开销也随之增长。微软取代 IBM 坐上了市值第一的位置，而摩托罗拉却跌出了前十名。随着企业数据库需求的增加，甲骨文的市值紧随微软。十大科技企业榜单上依然还有电信企业的身影，因为在计算机销量增长的同时，电信厂商也在为连接数百万台终端而铺设网络基础设施。到了 2012 年，苹果的席位迅速窜升。美国电话电报公司和威瑞森公司共同构成了十大科技企业榜单里的移动运营商集团。重整旗鼓、专注于软件服务的IBM 与微软和甲骨文一道，代表着企业软件领域的发展。而带有互联网基因的 Alphabet 公司也闯入了十大科技企业的行列。2015 年以后，由于物联网、云计算、大数据以及人工智能的兴起，我们可以看到包括 Alphabet 公司、苹果公司、亚马逊等公司市值的迅速扩大。

通过观察历史我们可以发现：在电脑普及率、固定网络普及率、移动互联网—智能终端普及率以及未来的行业与用户深度分析普及率的发展过程中，在资本市场会诞生各种各样的标志性企业。在未来，一方面，基于现有技术的业务创新、商业模式创新会成为资本市场的主导力量，再加上各种技术的广泛融合和深度应用，培育新产业、新业态、新模式将成为必然；另一方面，在时间结果导向和投资者结构的双重作用下，TMT 板块依旧是最有诱惑力的个股聚集地。

第二节　投资 TMT 是一种投资观甚至是价值观的表现

1. 目前 TMT 投资领域存在和正在发生的一些现象

（1）令人兴奋的行业中未必有让人心动的投资标的。基于现有技术的广泛融合和深度应用，新产业、新业态、新模式层出不穷，资本市场也在不停地喜新厌旧，2016 年的共享经济、虚拟现实等就是很好的例子。在这个变化的过程中，产业、业态、模式更迭周期缩短，很多公司在包括消费转换、资金获取、产业生态龙头打压等因素的影响下，想要崛起根本就是痴人说梦。资本市场很容易高估某一个成长性技术的应用前景，大量资本盲目地涌入，最后却发现无利可图，还不如踏踏实实地投资那些确定性的行业与公司收益更大。

（2）小而美变为大而强的概率急剧下降。信息技术产业在发展过程中的推陈出新、不断演进（如层技术集成电路、光通信、5G、SDN/NFV 等）让人津津乐道，革命性技术生机盎然带来了包括人工智能、大数据、云计算、物联网等产业的大发展机会。这些给 2017 年的 TMT 行业发展带来了很多希望和机会，并阶段性地涌现出了一些看似小而美的公司，但大部分这样的公司基本上无望成为伟大的公司，主要原因在于这些致力于底层结构与技术的公司很难形成有效的专利标准壁垒，从而很容易被模仿和吞并，这个是由中国的商业大环境所决定的。

（3）好的小公司很贵、烂公司也很贵，只有大的好公司很便宜。创业板中好一点的小公司几乎透支了未来两三年的潜力，它们只能用时间换空间，那些概念主题类的小公司一大半已经成为所谓的庄股，投资的风险巨大，而那些耳熟能详的大公司往往是下一波的机会点，因为它们至少具有确定性。

2.TMT 投资的不稳定性较大

资本市场存在各种各样的所谓的投资者，他们在同一个时间对同一个行业、同一家公司的态度迥异（他们在不用的时间对同一个行业、同一家公司的态度也迥异）：一般的公募基金经理从产业趋势、公司基本面、技术图形甚至是公司考核压力等方面阐述自己的观点，而大多数基金经理基本上只给出肯定或者否决这样的很简单的结论，这些结论也只是基于某一方面的考虑，其中很少有基于基本面要素进行考虑的。经过多次的探讨和交流，我们发现基金经理的投资选择主要源于自己整体的框架结构及投资理念，但这种理念并不具有持续性，也没有固化下来，外力的作用远远大于自己的投资理念选择，如由于公司的考核、投资主体的多元化、投资博弈心理等因素的影响，导致出现了投资热点主题化、投资短期化、信息红利化等，最后的结果是投资收益的不稳定化，甚至会出现股市的羊驼等。

3. 投资的价值观存在差异性

投资者在投资价值观的构建过程中会受到多种因素的影响：在时间上由于短期、中期、长期的诉求不同而发生变化；在收益上由于风险偏好的不同而不同，而风险偏好会随着市场情绪的变化而变化；在产业趋势上专业性不一样做出的判断也不一样……还有一个影响因素就是职业价值观，即我们想做一个什么样的投资者，而这又与每个人的阅历、成长环境等各方面因素相关，这些因素的差异会造成投资者职业动机和目标的差异性，在这个差异性面前，有的人逐步做正向修正最后遵循了内心的选择，而有的人做了负向修正形成了外部的压力。这样最后就形成了投资业绩的增长性、稳定性与可持续性方面的差异，造成了有的人成功有的人平庸有的人被淘汰。

因此，投资的最高境界是先有良好的价值观，然后看准大势，把脉产业趋势，发现优秀企业，最后就要等待时间来验证了。

第三节　TMT 投资层次分析

1. 大势的研判核心在于跳出来看社会发展的动向

站在五年、十年甚至三十年的周期内，我们首先要考虑自己是否对一个国家的政治、经济、文化以及产业走势有着足够的信心与耐心。其次要再进一步考虑货币、信贷、产业方向、市场流动、情绪博弈等因素的变化及影响。例如，对政策的思考，其变化可能会引发制度红利的释放，包括政府职能的转变、政府行政效率的提高、司法体制的改革等。这些变化将对我们判断未来资本市场的产业结构偏好有着极大的影响：政治上的短期或者中长期的诉求将直接加速或者延缓某些产业的原有市场化节奏，从而带来投资机会。身处资本市场的我们需要按照时间、价值等纬度来考虑政策的变化对产业发展的影响。在经济方面，我们要重视各种经济制度的完善，包括产权制度的完善、混合所有制经济发展的加快等情况，从而正确地判断未来国有企业形成内生性增长的可能性。

不管是研究员还是基金经理，对宏观环境和政策的关注、学习是其必备的素质，只有站得高才能看得远。

2. 产业趋势的判断来自于相对的眼光和专业性

投资者首先要了解产业发展的核心要素：一是从大的社会产业发展变迁中看清未来的大产业方向，包括理解康波定律以及全球产业发展变迁史；二是理解产业技术的发展和变化带来的产业价值链重塑，包括不同时期产业价值链条的垂直性整合与价值分配的变化性；三是要从市场角度研究产业发展的潜力和空间；四是观察包括一级市场在内的资本对这个产业的追捧程度，预测三年内一级市场的追捧焦点是否会发生变化和以及变化的可能原因；五是了解各个研究机构每年发布的产业趋势判断，包括对产业生命周期阶段的看法；六是了解当前政策对这个产业发展的支持强度的大小，包括对人才、税收等方面的支持力度和时间。其次，投资者要对产业的趋势尤其是技术带来的变化进行解构。技术的快速变化导致了大量社会资源的分布重组以及产业生态链价值的重构，促进了传统技术产业的变革和新兴产业的发展，培育了新产业、新业态、新模式，实现了产业结构的调整，从而提升了一些小微企业在未来发展成为“巨人”的可能性。最后是投资者要以一个相对明确的框架或者工具来进行研究，如找到一些行业的发展核心分析指标（如行业总体概况、产业链分析、价值链分析、行业集中度分析、市场分析、行业的关键成功因素及企业核心竞争能力分析、行业的主管部门及现行政策分析、行业投资机会的把握、行业和市场战略的制定等）来量化或者非量化自己的分析。可以说，只有找到了 TMT 行业发展的大势，才能弄清楚投资的方向。

3. 公司层面的研究更注重基础性与细节性

公司层面的研究是更基础的组成部分，也是基本功的体现。在大势已明的情况下，选择投资对象的原则比较简单：一是该公司是否为行业或者产业的领头羊或者是不可或缺的一部分；二是该公司的领导力与治理机制是否良好或者正在不断完善；三是该公司财务指标的具体情况以及变化趋势等。

第四节 行业发展大势的确定方法

当我们谈论确定性与不确定性时，一般聚焦的是共性认知与个性认知的矛盾与偏差。确定性指的是我们知道某一种应用或者某一种产品所必须的要素、某一件事情发生的必然性以及某家公司未来一定会采取的战略等；而不确定性是指我们无法掌控和精准判断某种要素的未来发展。例如，在 TMT 业务推陈出新的时候我们永远不知道下一个流行的业务是什么，周期有多久，空间有多大，时间点在哪里。尽管大多数时候对确定性或者不确定性的共性认知是对的，但是由于存在乌合之众等效应，很多时候，个性认知尤其是专业性认知反而更有助于投资策略的选择。

一切都在变化当中，我们需要客观审慎地看待 ICT（Information and Communication Technology，即信息和通信技术）产业，从大的视角来看，ICT 制造业增速与整个经济增速高度相关，而且非常敏感，走势基本保持一致，存在与经济同步的周期。我们还可以发现一个特点，即 ICT 产业增长速度的弹性远远大于 GDP 增速的弹性，这在某种程度上表现出了其成长性。但这种两面性具体到每一个行业便又成为了一个复杂的特点。在这种情况下，那些能够在资本市场有发言权的产业和公司，要么是产业生态圈的领袖，要么就是产业生态圈价值链条上不可或缺的技术或者产品提供者，但是面对确定与不确定的情况，我们需要多方审视。我们将它们大概分为以下三类。

（1）行业的确定性非常明确同时有确定性的企业。

对于发展路线清晰与竞争格局基本定型的行业，一般在技术、方案、网络、产品甚至是资金等方面存在较高的准入壁垒，其发展趋势十分明确。

以信息基础设施建设里面的网络设备行业为例，市场规模集中化、业务布局全面化以及产业链垂直化的趋势明显。电信设备行业竞争从单纯的技术竞争演化到技术、成本和供货等多种因素的综合性竞争。我们可以看到在过去的几十年中，曾经那些耳熟能详的如摩托罗拉、北电、诺基亚、西门子等通信设备厂商要么在技术路线、研发支出、最佳性价比等的竞争中折翼，要么通过合并重组来求得生存和发展。目前全球性电信设备商已缩减至四家，其中中国占据了两家，行业已经在竞合中达到了平衡，格局初定。在这个过程中，移动网络演进经历了包括 2G、3G、4G 到将来的 5G 等的系列变化。中国的代表厂商华为、中兴等从过去简单地依靠人口红利、价格红利优势转变到现在依靠研发、技术、人才、组网到产品方案全线优势。具体如图 1-5 所示。

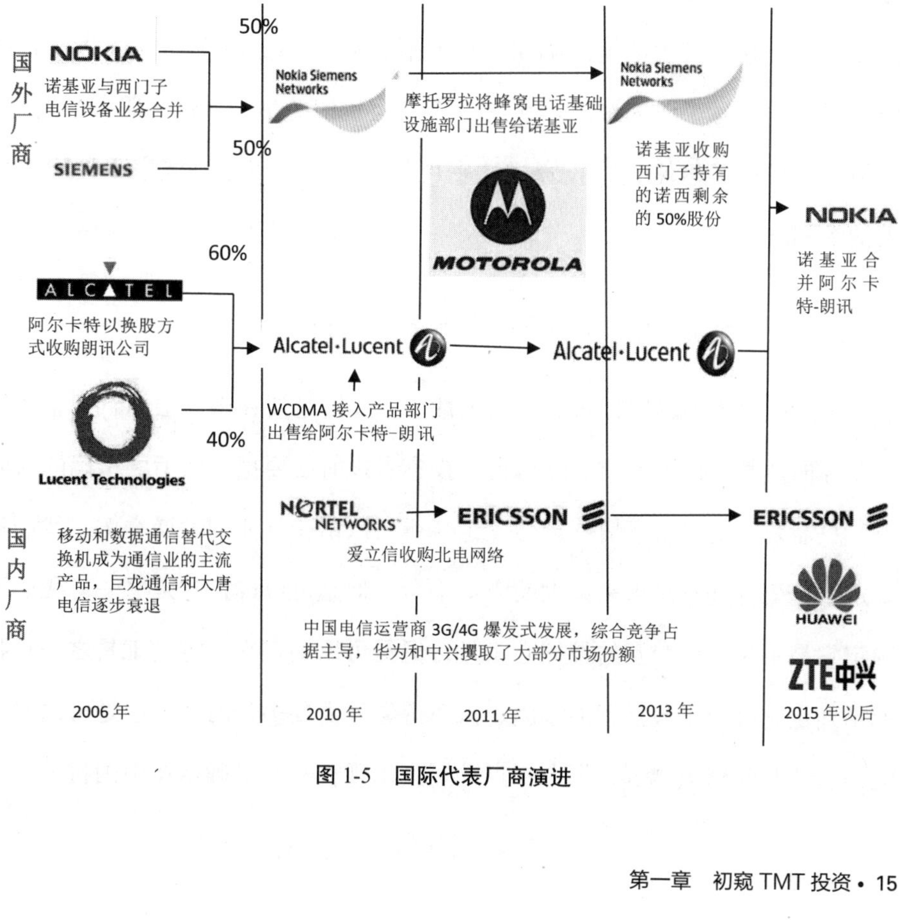

图 1-5 国际代表厂商演进

我们可以做出的判断是，未来华为和中兴的市场份额将持续提升，它们将成为全球电信设备市场的巨头，这个就是典型的确定性行业的确定性公司，面对这样的发展趋势，我们为什么不把握呢？

这类特征趋势还表现在电信业、物联网、人工智能发展等过程中的电信运营商、芯片厂商以及生态圈领袖等，篇幅所限，我们不再赘述。

（2）行业的确定性非常明确但不一定有确定性的企业。

这点相对比较好理解，一般是指那些进入导入期或者成长期的行业，这些行业被大多数人认可，如云计算、大数据、VR、光芯片、CDN（内容分发网络）等行业，但是在这些行业里面我们可能在二级市场找不到合适的企业，甚至存在较大的资本陷阱。有些属于行业的蓝海企业的红海，有些属于行业的蓝海企业的黑海。在这里最考验我们的是专业性和眼光独特性，从风险投资的角度来说，投资成功率也是极小的，属于小概率事件和少数人的福利。

（3）企业的确定性很强但未必有明确的时间表。

这点就属于不确定性里面的确定性了，关键是要在微观层面看到企业的战略导向及其支持资源与实际行动。投资者没有必要把握所谓的精确的时间点，只需要知道很多事情一定会发生就行。以语音智能的发展举例，我们不确定的是语音是不是未来最大的入口平台，但是可以确定它是之一；我们不确定它是不是人机交互的最核心工具，但是可以确定它一定是工具之一；我们不确定它应用于包括智能家庭、汽车等领域需要多长时间，但是可以确定的是这个时间越来越近，那个拐点一定会出现；我们不确定在中国科大讯飞的技术未来是不是那个领域的老大，但是可以确定的是其现在的技术研发与发展至少可以保持在前三；我们不确定这家公司的收入暴增拐点在哪里，但是可以确定的是只要行业的拐点到来，它的拐点就一定会到来；我们不确定哪个事件会对企业的发展造成影响，但是可以确定的是事件的累计将会产生集聚效应。

第五节　公司买入价值的短期预测

TMT 产业的发展在技术产品的演进上，受到了来自于传统势力（政策、旧产业格局）、产业资本、消费变化等因素的影响，其成功和失败变得更加迅速。

对于 TMT 行业研究者来说，我们无法预测行业以外的影响系统性风险的要素，唯一能确定的就是任何一家公司一定会有其公允价值，所以我们只能在分析行业和公司基本面的情况下，结合历史平均估值偏差、主营增长、净资产收益率增长等财务指标以及现阶段对其未来的发展判断而给出买入卖出意见。

但是，在一个变化的环境中，公司的买入价值又和整体的市场相关：公司的本质决定了它的估值属性，政策是 TMT 估值起伏的最大推手之一，产业大势是 TMT 估值体系分化的最大推手，而市场的风格是估值突变的推手。因此，投资者结构与时间结果效应导致了市场的投资偏好趋于短期化，在这种情况下，时间成为了裁决者，在时间的长河中，那些敏感性差、投资技术水平欠佳的机构和个人成为了市场的殉葬者。从目前来看，由于不确定性的增加和风险偏好的降低，未来几年 TMT 行业的投机情绪将比之前有所缓解，但是由于产业发展趋势的不确定性和未知性，这种市场化的大博弈依旧存在。

第二章

TMT 投资的基本研究方法

第一节　TMT行业及公司研究的基本工具和方法

对 TMT 行业进行研究，是为了解释行业所处的发展阶段，阐明行业在国民经济中的地位，分析影响行业的各种因素及这些因素的影响力度，预测并引导行业发展趋势，判断行业投资方向。

基本分析工具包括麦肯锡、科尔尼、德隆等知名咨询企业的行业咨询方法，以及 PEST 分析方法、波特的五力模型演化、SPACE 分析、战略地位与行动评价、波士顿矩阵、兰彻斯特战略模式等。下面是基本的工具方法介绍。

1. PEST 分析

我们可以对 TMT 行业进行宏观环境分析（PEST 分析），通过政治、经济、社会、技术四个因素，来分析 TMT 行业目前面临的状况。

政治因素（P）是指对行业的经营活动具有实际与潜在影响的政治力量和有关的法律、法规。政策变化释放制度红利，促成政府职能转变、行政效率提高、司法体制改革、国家大安全的加强等。这些变化对未来资本市场产业结构偏好有着极大的指导作用。集成电路、信息安全、国产替代、军工信息化等概念，大部分都和政治要素有关。

经济因素（E）是指一个国家的经济制度、经济结构、产业布局、资源状况、经济发展水平以及未来的经济走势等。具体到 TMT 行业，经济因素的影响表现在三个方面，一是基于宏观的变量在短期提振经济；二是基本的经济制度在加速完善；三是财税体制、城乡一体化、放宽投资准入、自贸区建设加快改革等。经济因素对TMT行业的影响体现在通过影响经济效率、经济结构调整和产业转型，促进工业互联网、服务业消费升级，加速产业创新。

社会因素（S）是指行业成员的民族特征、文化传统、价值观念、宗教信仰、教育水平、风俗习惯等因素。人口总量、年龄结构、收入水平与消费结构变化，是催化产业发展的关键和核心。现阶段TMT行业的消费主体、消费业务、消费方式等发生了巨大变化，这种变化使得信息消费引领信息产品和信息服务升级，导致产品趋同和用户选择/转移成本降低，对用户的争夺转向入口的竞争，进而重组产业生态。

技术因素（T）不仅包括那些引起革命性变化的发明，还包括与企业生产有关的新技术、新工艺、新材料的出现、发展趋势以及应用前景。信息的无边界化加速了科学技术的进步，产业生命周期开始缩短。技术快速变化导致社会资源分布重组，互联网与传统产业加速融合，并在促进经济结构转型调整方面发挥重要的作用。各种技术的广泛融合和深度应用，使得培育新产业、新业态、新模式，实现经济发展方式的转变和产业结构调整成为必然。

2. 波特五力分析

通过分析供应者讨价还价的能力、行业间现有企业的竞争、新进入者的威胁、购买者讨价还价的能力以及替代品的威胁这五种竞争力量，我们可以了解行业的竞争环境。

供应者讨价还价的能力。在市场中，供应者，即那些向行业提供原料产品及服务的企业，可以通过提高产品的价格或者降低单位产品的质量，影响行业中现有企业的盈利能力以及产品的竞争力。具体在TMT行业中，通信行业、专网通信以及北斗导航等行业对上游供应商的选择余地较大，因此供应商的议价能力会受到同业竞争的限制，TMT 行业拥有议价优势。

行业间现有企业的竞争。现有企业的竞争主要体现在价格、售后服务以及成本等方面。一般来说，当行业进入门槛低、规模相近企业多、产品需求增长缓慢、竞争者提供产品几乎相同时，行业中现有企业间的竞争就会相对激烈。对 TMT 行业来说，产业从军用市场向民用市场的转变、产品生命周期的缩短以及技术的更新都会影响现有的竞争格局，以及现有企业的发展。

新进入者的威胁。新进入者虽然能够给行业带来新活力和新资源，但是也会与现有企业产生产品原料以及市场份额方面的竞争，降低现有企业盈利能力。而新进入者在进入行业时，也存在进入障碍，主要有产品差异、政府行为与政策、资本需要以及产品技术等。在 TMT 行业中，多数细分产业都存在一定的进入障碍，如：通信设备属于高技术的知识密集型产业，存在技术壁垒，而北斗导航的军用市场以及电信运营行业受国家政策限制，存在政策方面的进入障碍。因此，对 TMT 行业来说，只要现有产业能够紧跟当前行业的发展趋势，积极开发新产品，研发新的技术，那么替代品对行业的威胁就不会很大。

购买者讨价还价的能力。一般来说，购买者主要通过压低产品价格或者要求提高产品质量，影响现有企业的盈利能力。在行业中，当购买者数量不多或者购买者有能力实现后向一体化时，购买者就具有较强的讨价还价的能力。在 TMT 行业中，以北斗导航为例，一方面在面向军工市场的产业市场中，购买者数量并不多，这一因素增强了购买者的议价能力，而另一方面，现有产业对技术的要求高，购买者在实现后向一体化时难度较大，也会限制购买者的议价能力。所以，综合来看，行业的购买者议价能力适中，购买者对行业的威胁不大。

替代品的威胁。相似企业生产的产品如果互为替代品，那么整个行业中现有企业的竞争战略都会受到影响，一方面，替代品的存在会限制其他产品的获利能力，压制商品的售价；另一方面，由于替代品的侵入，现有企业被迫提高产品质量或者降低产品售价。在 TMT 行业中，产品推陈出新的速度很快，诸如电信基础服务等行业存在多家相似公司，产品之间的替代性强，这种现象会加速包括工业互联网、电信运营等产业的转型和创新。所以，在对行业进行分析时，我们需要考察替代品的发展潜能以及盈利扩张情况。

3. 细分市场分析——产业生命周期分析

每个产业从出现到退出社会经济活动，都要经历从成长到衰退的过程，具体来说有四个时期：初创期、成长期、成熟期以及衰退期。市场增长率、需求增长能力、产品品种以及技术革新都是判断产业生命周期所处阶段的主要标志。在初创期，产业刚刚形成，前期研发费用和推广费用高，而产品市场需求小，这一阶段的企业往往处于亏损状态，面临很大的投资风险；在成长期，产品向多样化和高质量方向发展，产品的市场需求开始上升，产业充分竞争的格局也逐步形成，在这一阶段，行业的增长具有稳定性和可测性的特点，因此投资的风险也大大降低；在成熟期，产品的接受度大大提高，产品的质量和性能也得到优化，此时产业的增长会减缓甚至停滞，行业的盈利能力开始下降，投资回报率开始趋平甚至下降；当产业进入衰退期后，市场需求开始下降，新型产品以及替代品大量涌现，企业利润下降，在这一阶段，企业会选择退出该行业，或者开发新产品进行产业转型，当产业处于这一阶段时，要详细分析企业未来的发展方向。

在对 TMT 行业进行分析时，只有明确细分产业所处的生命周期阶段，以及企业在该产业中所处的地位，才能足够全面地认识产业以及现有企业，从而辨别企业未来的发展方向，做出恰当的投资判断。

高德纳公司发布的新兴技术成熟度曲线很好地展示了产业生命周期理论，如图 2-1 所示。

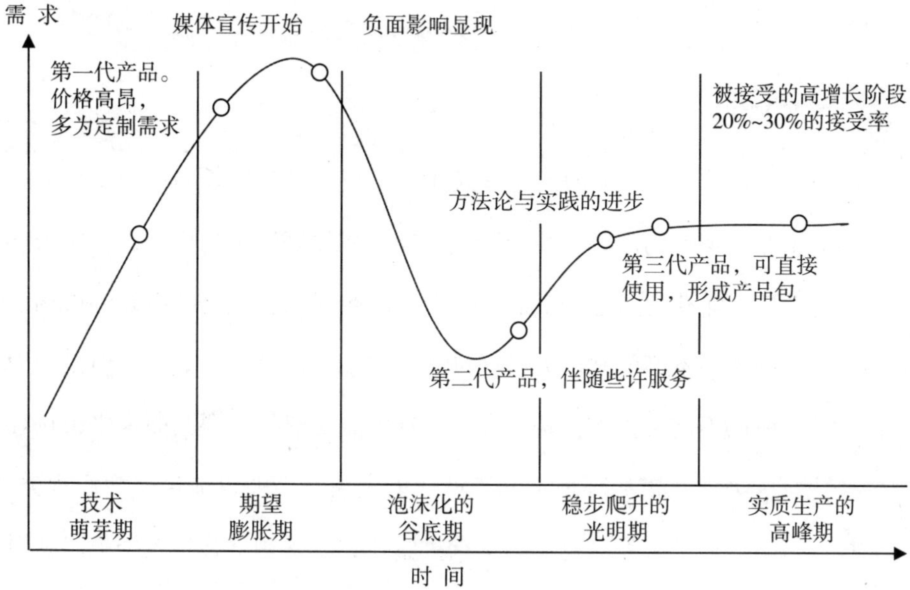

图 2-1　高德纳技术成熟度曲线

4. 波士顿矩阵

波士顿矩阵运用市场增长率和相对市场份额两个指标，将产业中的现有企业区分为四种不同类型的企业，即明星类、现金牛类、问号类以及瘦狗类。一方面，企业在产业市场中的占有率高，说明企业的竞争实力强，那么企业获取利润的能力大，投资者投资获利的能力也越大；另一方面，企业的销售增长率高，预示着产品有好的发展前景。波士顿矩阵如图 2-2 所示。

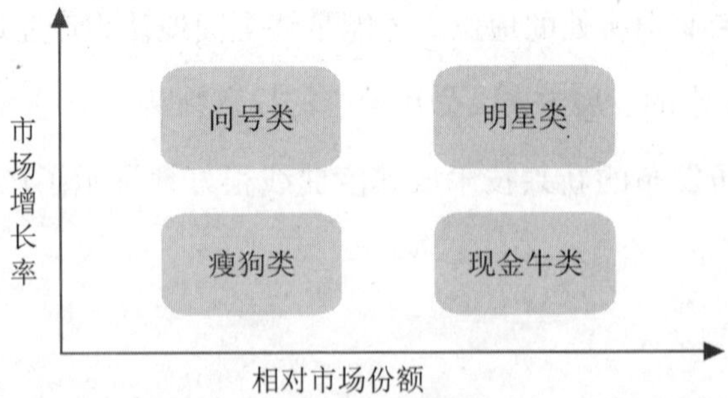

图 2-2　**波士顿矩阵**

从波士顿矩阵来看，明星类企业属于高市场增长率以及高市场份额的企业，这类企业所生产的产品往往处于成长期，有很好的市场机会，在未来加大投资能够使企业获得迅速的发展；现金牛类企业的特点是拥有高的市场占有率，但是增长率不高，其产品已经进入成熟期，产品的利润大，但是因为增长率低，所以不需要扩大投资，在投资这类企业时，需要判断未来市场环境的变化，因为一旦市场环境不利于产业的发展，企业可能会变为瘦狗类，加大投资风险；对于问号类企业和瘦狗类企业，要采用选择性投资战略，对这些企业的投资一般风险较大，要视具体情况进行投资。

我们也可以将波士顿矩阵进行演化变形，根据“前景”和“业绩”两个维度去评价公司。A 类公司为“标杆企业”，是其他同行应该模仿学习的榜样；B 类公司为“潜力公司”，是最值得投资的公司；C 类公司为“转型公司”，往日的辉煌难以持续；D 类公司为“落后公司”，“停、转、关、并”一般都是这类公司的结局。具体如图 2-3 所示。

图 2-4 是我们在 2012 年，基于融合与创新带动下投资路线与投资机会的逻辑框架进行的整理。

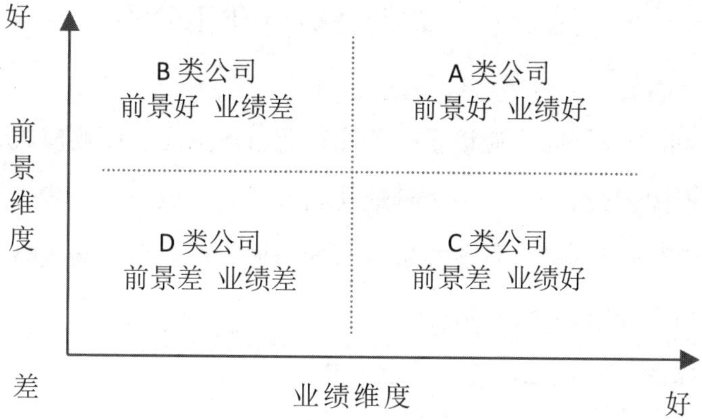

图 2-3 **波士顿矩阵演化图**

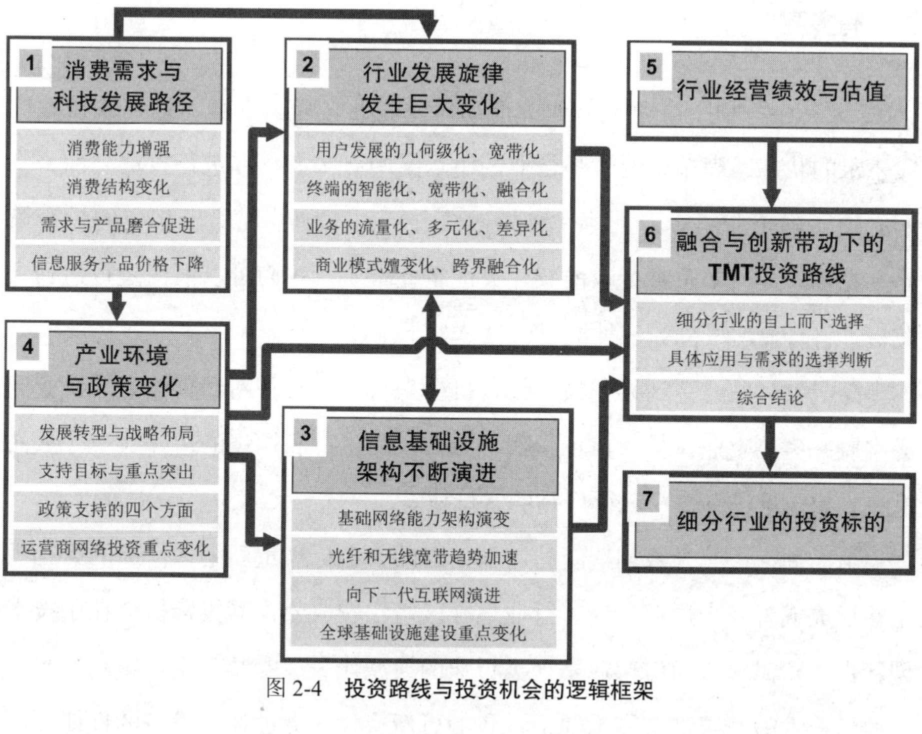

图 2-4 **投资路线与投资机会的逻辑框架**

从图 2-4 中我们可以发现，到了今天，波士顿矩阵分析仍然实用，唯一需要变化的是一些小的要素及结论的分析和修正。

第二节　如何选择行业和公司

研究行业的发展时，应该重点关注行业市场空间、商业模式、价值链分布、行业集中度分析、行业的关键成功因素及企业核心竞争能力分析、行业的主管部门及现行政策、行业投资机会的把握、行业和市场战略的制定等分析行业发展情况的核心分析指标。

评估 TMT 公司的基本要素有如下几点。

1. 市场空间：对于如何选择投资行业，第一步主要看行业的“天花板”有多高

“天花板”是指企业或行业的产品（或服务）趋于饱和、达到或接近供大于求的状态，简单来说就是行业的市场空间有多大。在进行投资之前，我们必须明确企业属于下列哪一种情况，并针对不同情况给出相应的投资策略。在判断上，要重视行业前景，关注企业素质。我们可以根据是否达到天花板，将行业前景分为三种情况，具体如下。

第一种，已经达到天花板。投资机会来自于具有垄断经营能力的企业低成本兼并劣势企业，扩大市场份额，降低产品生产和销售的边际成本，从而进一步构筑市场壁垒，获得产品的定价权。

第二种，产业升级创造新的需求，旧的天花板被重新解构，新的天花板正在形成或者尚未形成。这些行业通常已经比较成熟，其投资机会在于技术创新带来新需求。通信行业是这类行业的典型代表。受摩尔定律影响，每一代通信技术的升级都会带来通信设备的更新换代，促进通信设备的性能不断提升，服务单用户的成本不断降低，用户信息消费的新需求不断被满足、不断被超越，甚至能够出现从 0 到 1 的行业发展奇点，打破原有的行业平衡，

创造出新的需求，例如，苹果手机的发明促进了移动互联网时代的到来。

第三种，行业的天花板尚不明确。这些行业要么处在新兴行业领域，需求正在形成，并且未来的市场容量难以估计，如新型节能材料；要么属于“快速消费”产品，如提高人类生活质量、延长人类寿命的医药产品和服务。这类行业历来都是伟大企业的摇篮，牛股层出不穷，要重点挖掘那些细分行业里具备领军地位的优秀企业，即“小行业里的大公司”。

2. 模式分析：行业如何赚钱，能赚多久钱

商业模式是指一家企业的盈利模式。通过商业模式的设计，企业可以明确如何盈利。简单来说，就是关于企业“做什么、如何做、怎样赚钱”的问题。

对 TMT 行业中的公司进行研究时，我们可以主要运用三种模式，即业务模式、盈利模式和营销模式，来弄清目标企业是如何赚钱的。业务模式是企业提供什么产品或服务，业务流程如何实现，包括业务逻辑是否可行，技术是否可行，是否符合消费者心理和使用习惯，以及企业的人力、资金、资源是否给予足够的支持等。盈利模式是指企业如何赚钱，通过什么手段或环节赚钱。营销模式是指企业推广自己产品或服务的模式，包括销售渠道、销售激励机制等。好的业务模式必须能够盈利，好的盈利模式必须能够推行。

（1）TMT 行业典型的商业模式

B2B 指企业对企业之间的营销关系，它将企业内部网和企业的产品及服务，通过 B2B 网站与客户紧密结合起来，通过网络的快速反应，为客户提供更好的服务，从而促进企业的业务发展。产品服务质量、客户关系、产品毛利和销售渠道等为主要考量。普遍存在长账期。电信、科技类企业居多。

B2C 指直接面向消费者销售产品和服务。这种形式一般以网络零售业为主，主要借助互联网开展在线销售活动。企业向消费者提供的产品或服务，一般很

难被取代或者对消费者而言价值相当大，企业向消费者直接收费。账期很短，甚至采用预付形式，如电信运营商服务、网络游戏、电影院线以及电子商务等。

B2C2B 指商家对消费者再对商家，这类属于 TMT 行业特有的商业模式。企业向消费者提供相对有价值的产品或服务，以免费或大幅低于成本价的形式积攒大量的“眼球”或用户，在达到所谓的临界用户数（criticalmass）时通过广告的方式向广告主收取费用。账期取决于企业的谈判能力。典型的行业有综合门户网站、垂直网站以及实时通信服务商等。

B2B2C 是一种新型网络通信销售方式，第一个 B 指广义的卖方（即成品、半成品、材料提供商等），第二个 B 指交易平台，即提供卖方与买方的联系平台，同时提供优质的附加服务，C 即指买方。卖方不仅仅是公司，还可以包括个人，即一种逻辑上的买卖关系中的卖方。平台绝非简单的中介，而是提供高附加值服务的渠道机构，是拥有客户管理、信息反馈、数据库管理、决策支持等功能的服务平台。买方同样是逻辑上的关系，既可以是内部也可以是外部的。B2B2C 定义包括了现存的 B2C 和 C2C 平台的商业模式，更加综合化，可以提供更优质的服务。近年来由 Facebook 等开放平台引领的商业模式，其商业逻辑是利用自身海量用户构建平台，为第三方产品服务提供商对接目标客户，企业与第三方进行收入分成。

（2）能赚多久的钱

从宏观逻辑看，技术进步是促进经济长期增长最为重要的因素之一，过去几十年，TMT 行业集中了人类历史上最大规模的技术进步与商业模式创新，也是全球最为重要的增长动力。科技革命，尤其是过去二十多年的互联网革命完全重构了全球经济格局、产业演进与人类生活方式的面貌。

从产业逻辑看，TMT 的技术演进路径、技术成果的商用普及以及由此带来的商业模式创新路径尤为重要。技术与商业模式的领导者将由于“报酬递增原理”，其领先优势与市场份额在相当长的时间里持续扩大，行业集中度迅速提高。无论是硬件还是软件甚至是服务，都显示出了这个特征，如芯片、显示、存储、各种应用软件、流量平台、社交网络等各个细分行业。所以，在同一个细分行业，不同公司的命运有天壤之别，产业的中观研究尤为关键。

商业模式的可持续性，可以从是否能够可持续获得规模收入、公司产品成本结构是否合理、是否可以可持续性扩张等方面的因素考量。除此之外，还要考虑公司所在行业或者公司本身是否依赖于特定政策、大客户或单一市场。成功的商业模式具有的主要特征如图 2-5 所示。

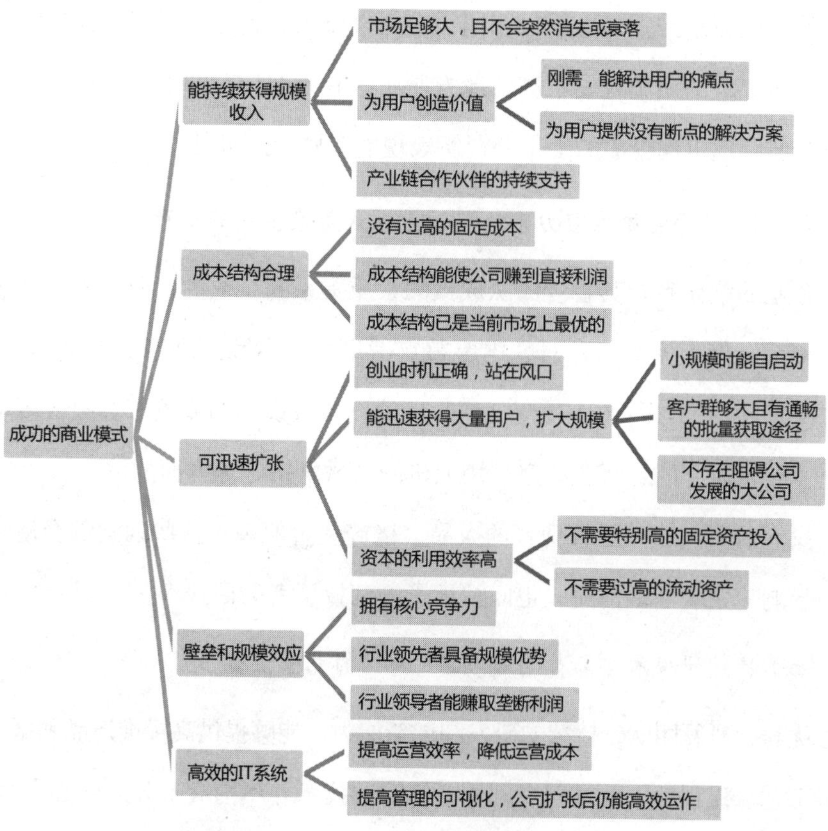

图 2-5 成功商业模式的主要特征

3. 寻找企业的核心竞争力和壁垒

模式谁都可以模仿，但能够成功模仿的毕竟是少数。企业的成功关键是具备构筑与商业模式相应的核心竞争力。

核心竞争力的内容包含股东结构，领军人物及团队，研发能力，信息技术应用，发展历史等。

（1）股东结构适度集中有利于公司发展

经营绩效和股权集中度之间呈现出显著的正向线性关系，但是不同股权性质的控股股东激励效应不尽相同，中央直属国有企业和私有产权控股的上市公司所表现的激励程度最高，地方所属国有企业控股的上市公司次之，而国有资产管理机构控股的上市公司所表现的激励程度最低。

（2）TMT 行业属于智力密集型行业，人是最重要的资产

企业的领导者及其管理团队成员的素质关系到企业的素质，关系到企业能走多远、能做多大，在研究中要重点考察领导者和管理团队成员的背景，通过跟踪他们的言行（通过浏览新闻，阅读招股说明书或董事会报告等）获取企业的发展方向、行业战略、用人机制、激励措施等方面的信息。

我们需要判断企业管理者的人品、格局和价值观，这些因素都会潜移默化地影响一家企业的前途，也间接地影响到投资者的回报率。

（3）持续研发和创新能力是 TMT 公司的竞争法宝

优秀的研发团队，持续的研发和创新能力，能够提供高标准产品和服务的先进工艺、流程，以及发明专利等。纯粹的技术并不构成永久的核心竞争力。某一领域的技术壁垒（如专利技术）却能在一段时期内让企业保持领先优势。

持续研发能力是判断企业技术壁垒的重要标准，我们可以通过企业的研发费用与收入的比值关系获得量化结果，做出逻辑判断。

此外，技术优势会带来生产效率以及生产成本的优势，有技术优势的企业就能够获得高于行业平均水平的回报。

第三章

TMT 投资的微观视角

财务分析是公司投资逻辑分析的数据支持，也是做盈利预测假设的基本依据。公司财务分析具体包括三个板块：战略分析、公司财务报表及衍生数据分析和风险判断。

第一节　TMT 投资的战略分析

对一家公司进行战略研究时，第一个层面要进行环境背景分析，根据公司基本面的信息，了解公司内外部环境情况，第二个层面要进行公司层面分析，具体看公司自身发展到了什么阶段、在行业处于什么情况、选择什么样的战略，另外还要根据实地调研及公司资料，判断公司战略实施和控制的情况。

公司层面的战略分析主要涉及企业的具体业务，根据公司年报披露的几年间战略变化情况以及追踪调研的结果，把握公司或者行业的具体业务，然后利用公司层面的具体分析工具进行解析。

1. 企业资源分析——价值链分析

价值链分析跟成功关键因素分析非常类似，不过前者是对企业具体作业活动而言的，而后者则是寻找整个产业特征中的关键点。价值链分析的基础是价值，其重点是价值活动分析，其中价值活动可分为基本活动和辅助活动。对一家企业的战略分析，首先要进行公司框架的分析，看看企业拥有哪些资源，然后再用分析工具进行整理分析。

通常情况下，企业拥有的资源大体可以总结为有形资产、无形资产和人力资源。对 TMT 行业而言，虽然资金、人才等各种资源都很重要，但由于产业发展路径一般是以网络建设为起点，后期才是服务需求的搭建，所以想要长久保证竞争力在市场上有良好的表现，终端产业需要符合市场细分需求，而基础建设和网络搭建平台层比起考虑需求，更应该注意提升技术性能。因此，TMT 企业最重要的资源就是技术资源，一方面技术资源有一定的进入壁垒，另一方面企业后期的发展方向以及成长性主要依托技术和产品的更新，所以技术研发能力是企业需要重点支持的关键点，几乎所有 TMT 板块的子行业企业都应该保持高度的研发支持和自有的核心技术。

不同企业的优势，可以体现在具体的基本活动环节中，这不光是要有强大的研发团队，还包括其他价值链优势，比如，在支持活动中，有良好的绩效考评和薪资福利制度就可以保留大量的优质人才；又比如，生产各种电器元器件及终端设备的厂商，其生产经营活动有良好的生产线就可以保证产品质量，这也是企业的价值；还有一些企业注重的是市场推广与完备的销售渠道，尽管行业的技术更新速度很快，但是“铁打的销售渠道、流水的产品”，销售渠道等一些市场上固有的资源，能较长久地维持企业销售领先与品牌宣传，长期而言，销售渠道方面的完善，也是经营中后期降低销售费用、形成规模效应的基础。另外，还有部分行业有比较高的政策红利，新企业进入有较高的政策壁垒，业内企业有政府项目做支持，能获取较好的经营保障，比如，军工相关产业，由于产业特殊性，因而具备特有的政策红利。针对资源资金、政治背景红利、人力资源、研发技术壁垒优势等，我们要根据企业的特性总结公司的核心竞争力，这是分析行业或公司投资逻辑的依据。价值链如图 3-1 所示。

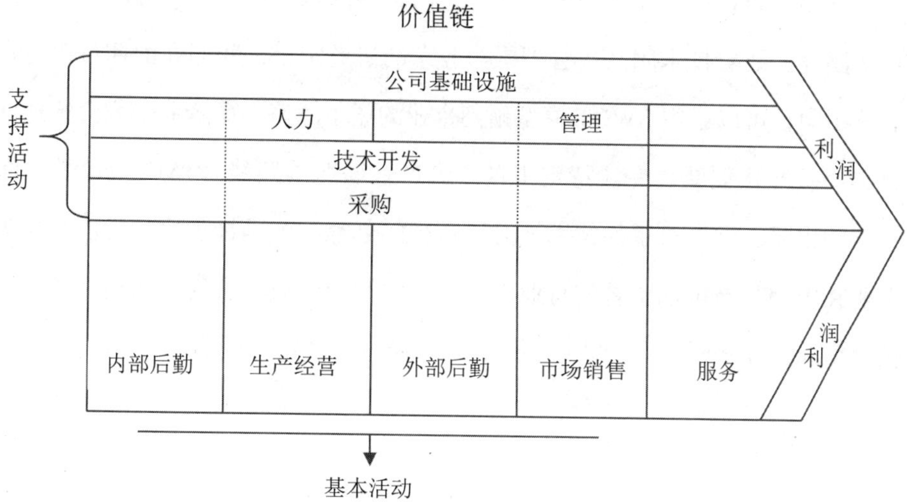

图 3-1　价值链

在进行分析研究时，我们要根据企业所拥有的各种资源进行价值链分析，找出企业的优势和基本活动中还需要改进的部分。不同于其他行业企业的开源节流，通信企业强调的是价值挖掘，所以在节流上更适用于生产销售预算，但业务升级方面的支出是必不可少的，在进行经营分析时，应该考虑剔除研发支出的特殊性。

2. 公司发展战略

业务层面的竞争战略路径分为纵向一体化和横向一体化，这主要是由并购扩张性质所决定的；业务相关度战略路径属于多元化战略和密集型策略，多元化经营又分为相关多元和非相关多元，相关多元经营通过纵向并购实现，而非相关多元经营的主要目的是实现风险分散，比如 TMT 企业跨界到金融房地产甚至农林牧渔业。企业性质、组织结构、战略实施与调整及利益相关者参与度，都是公司发展战略的影响因素，尤其是 TMT 产业链上下小企业众多，企业生存要考虑融资问题，而融多少钱、用在什么方向、公司走什么路线，要看技术团队、管理层与股东的协商结果，我们在前期行业与企业分析中，可以运用 SWOT 模型预判企业的竞争战略，而企业一般会选择低成本、差异化创新、专注特定市场或者产业联盟等路线。TMT 板块是蓝海战略的乐园，领先对手的技术和另辟蹊径的创意，才是最重要的价值。龙头企业在中期甚至短期更替的行业中，必须注重企业战略实施、调整路径与集权度情况，而不同公司的策略不同，需要结合具体情况说明。

第二节　TMT 投资的财务数据分析：用财务指标排除公司

1. 财务指标用来排除公司，而非用来筛选公司

根据年度报告数据衍生的财务数据分析，是对财务数据的核心判断，涉及横向比较与纵向比较，更能反映出企业的经营现状。在战略新兴产业概念提出后，行业兴起大量新兴概念，TMT 板块的业务也越发细分，企业之间注重差异化经营，所以财务数据需要找到合适的可比公司以及恰当的分析指标，才能得到更准确的分析结果。

通过阅读公司连续多年的财报对公司历史经营业绩进行评估时，历史财务数据一般而言是用来排除公司，而不是用来筛选公司的。简单来说，历史数据只能证明公司在经营上有没有大的瑕疵，我们通过财报把“烂”公司剔除掉，聚焦那些财务数据好的公司，节省精力。

财报主要由三张表及附注构成，这三张表分别是资产负债表、利润表、现金流量表。每张表又分别提供合并报表和母公司报表。我们通常关心的经营数据都来自合并报表，其是母公司的经营情况与旗下控制的子公司、孙公司的经营情况合并后的结果。合并时，会抵消掉这些母子公司、子孙公司之间进行的交易。

2. 一些基本的财务报表与指标

资产负债表：利润从哪里来到哪里去？资产负债表应该获得更多关注

资产负债表是最重要的报表。我们阅读公司历史财务数据时，主要关心的是利润和利润的来源，资产负债表能在一定程度上反映公司的利润来源，

是企业在每年12月31日（或季度末）结束那一刻的定格照片，提供那一刻的资产、负债以及净资产数据。资产负债表是最不可或缺的表。没有利润表，我们可以用资产负债表的期末净资产减去期初净资产，再考虑分红和资本公积变化情况，自己算出净利润。没有现金流量表，也可以用资产负债表期初与期末的现金差异，算出本年度现金的变化。

资产负债表很容易看：表的右边，是钱的来源，表的左边，是钱的去处。钱的来源，无外乎借债或股东投入。所以，资产负债表的右边，分为负债和权益两大项。它告诉你公司有多少是借的钱，有多少是股东的钱。依照需要还钱的次序列出来，越早需要还的，放在最前面；股东投入不需要还，所以放在最后。钱的去处，组成企业资产。资产按照可变现的便捷度排列。最容易变现的当然是现金，放在最前面；最不易变现的固定资产、无形资产等，放在最后面。

跟同行比较，看不同类别资产在总资产里占比有何不同，思考为何不同，这个不同是优势还是劣势。尤其是应收票据、应收账款、应付账款、预付款项、预收款项等项目，可以看出公司与上下游之间的地位，了解公司竞争力的强弱。

利润表：粉饰打扮的对象

利润表最简单，市场最喜欢看，也最容易造假。容易造假的根源，是权责发生制。因为权责发生制，所以没收到的钱，也可能被算作收入（在资产负债表里记录为应收），而已经付出去的钱，可能不被记录为成本。当然，有些企业刚好相反，收到手的钱，不记录为收入，没给出的钱，记录了成本。收入之下，依次是成本、税收、费用，很容易理解。收入减去它们，就是营业利润。营业利润加上一些营业外的偶然收入或支出（营业外收支占比大的公司，一般要警惕），便得出了利润总额，交掉所得税后，剩下的便是净利润。上市公司报告的收入数字，是不含增值税的收入。将成本、税收、费用各自占总收入的比例与同行对比，与历史对比，如果比例比较异常，就需要去财务报表附注里寻找对应解释。如果解释不那么合理，就需要引起怀疑和警惕。对投资者而言，“宁可错杀一千决不放过一个”。并非每家参与报表合并的企业都是由股份公司持股100%的，所以那些其他股东持有股份所对应的利润或亏损，需要从合并报表里去掉。这个项目就叫少数股东权益。去掉了它，剩下股东净利润，其在报表上的名字比较拗口，叫“归属于母公司所有者的净利润”。归属于母公司所有者的净利润除以总股本，就得出每股盈利。每股盈利除以股票价格，就是收益率。收益率的倒数，就是市场上最常用的指标——市盈率（price/earning），简称PE。

现金流量表：公司的生死簿

现金流量表最简单，就是我们每个人都会做的流水账汇总。卖东西收了多少钱（注意含增值税），买东西花了多少钱，缴税多少钱（包括增值税），给工人支了多少钱，多少钱做了投资，以往的投资赚了多少钱……一笔笔流水账，合并一下同类项，写给你看便是了。现金流量表中最准确的数字是期初现金总额、期末现金总额，以及二者的差——现金净增加额。其他的数字，可靠性要排在前两张表之后。由于现金的收益率为零，所以无论个人还是公司，都不会持有大量现金，多数会选择将现金存银行搞理财。

现金流量表将现金流量分成三大块：经营活动、投资活动、筹资活动。经营活动，是企业提供商品或服务，收入的现金和支出的现金情况。投资活动，是企业扩大规模的投资，或者对外的投资及其当期收到回报的情况。筹资活动，是企业筹钱（借债或者发股）收到的钱以及为此付出的成本及分配的红利。

经营活动产生的现金流量净额为负的企业，通常日子不好过，这个就是平常说的入不敷出。这种企业，无疑要靠融资（借债或发股）过日子，所以对应筹资活动产生的现金流一般为正。当然，控股类公司，主要收入是投资对象分红收入的，属于例外。对于企业扩张进行的对内对外投资，一看投的项目是不是在企业能力范围内，通常跨行业扩张，不妙的概率大；二看投资回报率，如果新下注的项目的投资回报率不是显著高于社会资金平均回报水平，管理层就是乱来，反之就是对股东有利的投资。

3. 财务报表筛选原则：事出反常“必为妖”

会计操纵通常有三种目标，利润最大化、利润最小化、利润平滑化。非上市公司喜欢利润最小化，目的是少纳税。上市公司除了更换管理层时可能使利润最小化以外，通常都倾向于利润最大化或平滑化。常见的操纵手法有：改变利润确认的时点，变更会计政策，费用资本化，出售资产，计提准备，虚增下期会退回的当期销售，改变合并报表范围等。

上市企业操纵财报或造假，大部分是为了再融资或获取贷款，其路线大致为：美化财报—提升股价—增发或配股—现金到手—信用等级上升—获得更多贷款—继续美化财报。常见的操纵手法大部分集中在利润表，主要美化利润表，也有小部分美化现金流量表。

操纵利润，无非是操纵收入和费用，并由此引发资产和负债的变动。而美化现金流量表则主要是因为资本市场更在意经营活动现金流。

操纵收入：主要操纵手法有虚构收入、借助一次性行为夸大收入和提前确认收入。

虚构收入：常见的有虚假交易、虚增成交金额、将非营利性交易确认为收入、显失公平的关联交易等。

操纵费用：利润 = 收入 - 费用，因此通过调整当期费用的多寡，达到操纵利润表的目的，也是上市公司的常见手法之一。虚减费用的常见手法有将本期费用推迟至未来核算、掩盖成本或亏损；虚增费用的常见手法有注销资产或存货、大额计提减值损失、将经常性费用归入一次性费用计提等。

操纵现金流：目的是美化经营活动现金流，主要通过增加经营活动现金流入或减少经营活动现金流出。

特别提醒，对于改聘会计师事务所的企业，相关人员一般要格外警惕，很可能是由于双方对财报分歧太大，而会计师又不愿妥协，因此被解聘。改聘其他会计师，往往是财报有问题的先兆之一。

4. 设置规则，节省研究精力，不要遗漏附注和招股说明书

受精力所限，设立一些简单的规则，缩小自己的关注圈，这是每个投资人都必须要学会的事情。规则，依赖于自己的投资理念，如不看净资产收益率低于 15% 的企业，不看上市未满五年的企业，此处就不展开了。但是每一种规则，都可能放掉一些牛股，也会绕过一些陷阱，是硬币的两面，需要投资者自己摸索取舍。

选定了大致要看的股票后，除了三张表以外，董事会报告和重要事项也是必须细读的内容。尤其是董事会报告，最好是多年的连在一起阅读，这

盈利情况——利润表

- 收益：主营收入、投资收益、归属于母公司的净利润
- 支出：主营成本、三大费用、资产减值、营业外支出、税费

财务现状——资产负债表

- 资产：货币资金、应收项、存货、固定资产、无形资产
- 债务或股权：应付项、长短期借款、债券、实收资本

资金情况——现金流量表

- 经营活动现金流
- 融资、投资现金流

图 3-2　三大报表细节分析

从具体指标来说，三大报表和附注有必须要看的指标，另外也可以视企业情况补充其他指标。利润表反映企业一年的经营累积结果，分析点有如下几个：首先是营业收入，相应的就应该有营业收入增长率，反映企业的成长能力；其次是营业成本与营业收入的匹配情况，了解主要的成本支出项目，判断企业是不是改进了成本管理；再次是看看三大费用，销售费用、管理费用和财务费用分别反映了销售、经营和投融资业务的杂费；而后还要看看营业外收支的占比，具体项目是不是有存续性，以及资产减值、税费等项目对今年利润的影响；最后分析归属于母公司的净利润。

对于资产负债表投资者需要分析的则是主要的几个资产指标，分析那些占比重大的项目和资产的来源，同时要看本年度是增加了债务还是增发了股权，本年度及各季度的应付项目资金变化情况等。

对于现金流量表，投资者应重点分析各经营活动的现金净流量，看看变

化异常原因，重点资金流动情况，以及根据具体项目注意附表中的内容。在报表附注的信息披露中关注以上报表分析时存在怀疑的科目，在附注中查找原因，另外注意披露出来的补充事项，是不是有没关注到的点。

三大报表的数据应当具有一定的匹配性，收入的增长应当有相应的资产规模作支撑，应收应付项目的提升应当有相应的业务量打基础，巨大的现金流应当有匹配的经营过程；固定资产的增加应当有上一期的在建项目或者当期的资金流向等其他投入证明，而从报表数据中判断出来的走向，应当与报表附注中披露的事项带来的结果相一致。另外，投资者也应该对本期报表的项目对未来几期财务报表的影响有所预判。

业绩分析

业绩分析主要包括财务报表数据及财务比率分析、杜邦体系分析，以及企业的经营杠杆、财务杠杆、企业结构比例、资金来源及发展能力分析，另外还可以根据股价数据分析市场对企业的预期情况，通过比率判断企业的优劣等。所以纵向比较与横向比较还是判断的基本方法。基础的财务比率分析包括偿债能力分析、经营能力分析和盈利能力分析，另外有时候还可以根据增长率判断发展能力及其他比率。

偿债能力，分为短期偿债能力和长期偿债能力。投资者可以通过短期偿债能力查看流动负债与其他项的比值，其实这就是分析短期负债的规模，短期负债多，偿债压力自然上升，对短期偿债能力就会有影响；长期偿债能力则可以反映总负债的规模，投资者可以通过它来判断企业的债务情况，这个比率也反映企业的融资偏好、风险偏好及投融资管理。

对于经营能力的分析，则主要看各种资产的周转率和周转天数。周转率是营业收入与各类资产的比值，较综合的指标是营业周期和现金周期。高周转率代表资产运转快，高速流动，一方面可能是轻资产的表现，表明销售利好，另一方面也可能是企业对市场需求的预估错误或者企业规模不够所以生产跟不上销售，但总之高周转通常代表在业内处于轻资产的状态。

盈利能力是重点指标，主要看净利润与各项目的比例，反映各种回报率，比如资产收益率、净资产收益率等。通常高回报率的公司盈利能力更强，投资者可以分析高盈利回报是源于高毛利、高销量还是其他业务等。盈利能力分析更重要的是对指标进行细分，查看盈利的成功点。

发展能力及其他比率，即各种指标的增长率反映企业扩张速度，投资者可以通过它们预判企业的发展能力。另外增长率难以长期维持高水准，所以低增长不代表不再利好，而是要看基数、整个行情以及企业过去的发展情况。

市场预期与市值。市场预期的指标通常与股价相关，比如市盈率、市净率、每股盈余等，可以反映出市场对企业的预期。比如市净率体现股权的市场估值水平，能更合适地反映市场对企业的价值预期；而市盈率则体现市场对企业的预期，可以反映企业未来收益的增长。股票收益率综合反映了股票市场中投资者的回报情况。指标的高低并不等同于企业的真实水准，倒不如说这些指标反映出企业向市场传递的形象，更为恰当。

杜邦财务分析体系就是将净资产收益率拆分，看企业的资本结构、盈利能力和经营效率，更新的杜邦体系则是单独剥离出主营业务，可以剔除营业外业务对指标的影响。杜邦财务分析体系如图 3-3 所示。

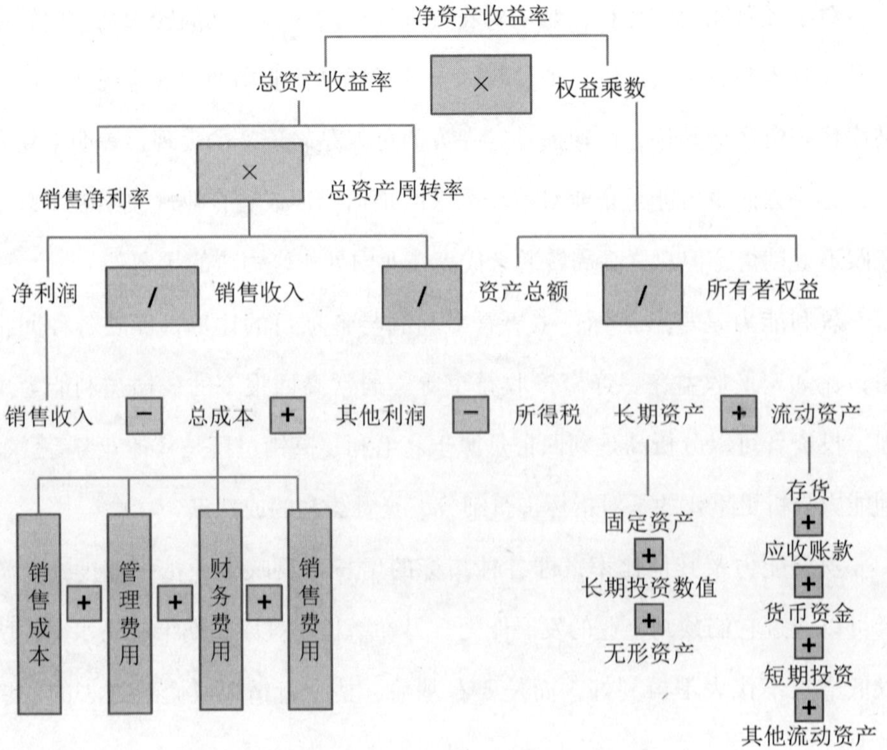

图 3-3　杜邦财务分析体系

杠杆风险及成长性分析

财务数据的数值解读业绩情况，而数据的波动性就是反映业务风险情况的指标。一般而言，风险用杠杆来衡量，杠杆分析又包括经营杠杆、财务杠杆和总杠杆三种，另外还有一些其他风险度量指标，如公司的 β 系数表示行业系统风险，Z 指数关注破产风险等。

经营杠杆反映息税前利润的波动性，投资者可以结合之前的战略分析查看行业现状与公司的风险现状是否相符，尤其要看经营成本的组成部分，对 TMT 行业的分析尤其要注意研发支出占比，以及资产处置净损益的结果。TMT 不同子行业的发展主要影响因素不同，依赖宏观经济发展形势的产业以及偏制造方向的产业，目前都面临供给侧结构性改革，所以在产业转型或者产能缩减时，尤其要注意资金流向与资产减值处置等，即投资收益、营业外收支和资产减值损失；另外，有一些依赖互联网技术发展、运营商业务拓展和系统更新的产业，主要提供辅助服务，对于这些企业应该注意应收应付中客户集中度的问题，判断谈判成本的变动情况；此外还有一部分产业和新兴行业概念的发展和推行，如软件、终端、移动互联网等产业，重点关注的是技术上的突破改进，所以杠杆分析重点是看成本中的科目变动情况。

财务杠杆则是反映企业融资能力的指标，主要看净利润变动对息税前利润变动的敏感性，通常敏感性高，说明财务杠杆应用较大，企业有息债务比例高，需要承担更大的财务风险，但是如果财务杠杆过低，表明资金的利用不够充分，过于保守则可能会浪费更好的企业扩张机会。例如，企业资金来源都是自有资金时，财务杠杆为零，但是此时则要重点考量自有资金的机会成本，以及有时效的资金投资机会。尤其是 TMT 企业需要大量的研发资金，产品更新换代较快，企业资金需求较高。另外，企业资金来源除了直接融资，还有提升往来款项金额、处置自有资产等方式，财务杠杆的高低需要进行拆分，分析杠杆高低的详细原因更为重要。

总杠杆就是将经营杠杆与财务杠杆相乘。TMT 板块具有行业周期性与成长性、技术复杂性和市场碎片化等特征，使企业倾向于不断追逐创新以维持产业发展，而高研发带来高经营杠杆，业务转型或细分所发生的投融资带来高财务杠杆，所以 TMT 行业比传统业务的总杠杆高得多。从企业层面来看，高杠杆的风险不容忽视，除了杠杆，还有一些潜在风险也需要注意，比如媒体风险、政策风险、公司治理风险，还有对研发团队的惯性依赖等。重点需要分析的风险点我们在下一节说明，其需要通过同业对比来进行评估。

另外，从长远角度来看，风险就代表了企业的成长性，我们在第二章已经对 TMT 板块子行业的成长性关键分析因素有所说明，成长性主要关注资金、竞争、效益和成长方式。传统行业推崇内涵增长，以保证资金链运转稳健，而 TMT 更注重的是资金利用和时效把握，考虑到贷款的限制和时限，TMT 中小企业与创业板高新技术企业常用的融资方式是增发股份或者公司债，而不是贷款或延长往来款。从竞争面来看，行业整体竞争激烈，即便是三大运营商也必须要跟上数据流量应用平台的变化趋势，维持自身竞争力，其他概念板块基本上更新频繁、涨跌剧烈，龙头相对风险较低。在高竞争中除非有高技术壁垒，否则企业基本上难以获利，前期高投入也难以收回。在行业产业细分、概念细化、更新周期缩短的大环境下，产品竞争取决于品牌与技术资质，这离不开企业选择适合发展周期的经营扩张与投资扩张的成长方式，对成长周期与资金支持的匹配度要求较高。

第三节　财务风险判断

财务风险判断其实是从审计角度来了解企业的情况，一方面包括对财务报表数据可靠程度、主要风险点的评估，以及通信行业特性所导致需要重点关注的一些点；另一方面包括对企业自身经营管理控制风险的分析。

1. 管理架构风险分析——内部控制风险评估

内部控制是指企业为了保证各项经济业务活动的有效进行，保护资产的安全、完整，保证会计资料的真实、合法、完整，防止、发现和纠正错误而制定和实施的政策和程序。有效的内部控制，能够对企业的管理者起到约束和监督的作用，减少因为管理者的享受而付出的不必要的成本，也可以减少信息不对称给企业带来的影响，促进投资者和公司之间的活动。因此，良好的内部控制对投资者评价企业的发展至关重要。

COSME2013 阐述了内部控制的五要素，即控制环境、控制活动、风险评估、信息与沟通和监督活动。因此，我们在评价企业的内部控制体系时，可以从这五个要素出发。

首先，在对企业的控制环境进行评价时，主要从六个方面进行。第一，在公司治理结构的设置和运行方面，主要考察公司董事任职程序是否合理、董事会专门委员会是否履行了职能，以及公司是否按照规定召开了必要的董事会以及监事会；第二，在对子公司的内控方面，主要考察子公司是否按制度执行了内部控制、对子公司的管理和监督是否得到有效执行；第三，在内部机构设置和运行方面，主要考察是否设置了专门的内控组织结构（如风险管理部门）、各部门的工作界面是否明确，以及内控责任部门是否完善；第四，在企业战略方面，主要考虑公司的战略定位是否清晰、战略规划的具体内容是否完善以及战略的执行是否到位；第五，在人力资源方面，主要考虑的问题有对员工的专业化培训是否充足、公司是否有充足的专业化管理人员；第六，在社会责任方面，主要评价公司在安全生产方面是否规范。

其次，在对企业的控制环境进行评价时，从四个方面来分析公司的内部控制是否存在缺陷。第一，针对授权审批，主要评价公司在投资担保、资产处置、关联交易、担保业务以及资金使用等方面的授权审批程序是否完善；第二，针对会计系统，主要评价对固定资产的减值是否评估合理、是否及时确认费用和收入、是否有效地控制财务成本、是否在关联交易中主动地识别和确认，以及是否存在使用个人银行账户进行现金管理的行为；第三，针对财产保护，主要评价公司在应收账款、存货、固定资产产权、土地使用权等方面的管理和控制是否有效全面；第四，针对预算控制，主要评价预算目标的设立与公司的发展是否适合、预算考核是否有效、全面预算制度是否得到有效执行。

再次，在对企业的风险评估方面进行评价时，要考虑风险识别、风险分析及风险应对等各个方面，即考察企业是否建立内部控制风险评估体系，是否设立风险管理部门，内控风险评估体系是否完善，是否能有效识别、分析和应对外部风险、投资风险以及担保业务风险等。

此外，对于企业的信息与沟通，可以从两个方面进行评价。一方面，考察企业信息收集与传递方面，即评价信息的传递是否及时准确、部门间的沟通协调是否顺畅有效。另一方面，考察企业的反舞弊机制，即评价公司在往年披露中是否存在差错，在本年是否进行了更正；评价企业的信息披露是否有效，以及是否存在员工侵占公司资产的行为。

最后，要对企业的监督活动进行评价。内部监督是对内部控制的再控制，企业有效地内部监督能够帮助企业完善内控体系，在评价时主要从内控审计监督机制是否完善、是否设立独立的审计机构以及是否配备了充分的内审人员、内审的职能是否得到充分发挥几个方面进行考虑。

2.TMT 行业需重点关注的风险

针对 TMT 行业，在对具体的企业进行评价分析时，从财务报表层面要重点考虑以下几个方面的风险。

第一，研发费用。一般 TMT 行业有很大一部分支出属于研发费用，如公司研发人员的工资、用于研发技术和产品而消耗的材料、燃料及动力费等。根据我国会计准则的规定，研发费用分为研究阶段费用和开发阶段费用。开发阶段费用的确认条件有以下五个：（1）完成该无形资产以使其能够使用或出售在技术上具有可行性；（2）具有完成该无形资产并使用或出售的意图；（3）能够证明无形资产可以产生经济利益，包括能够证明运用该无形资产生产的产品存在市场或无形资产自身存在市场，无形资产将在内部使用的，应当证明其有用性；（4）有足够的技术、财务资源和其他资源支持，以完成该无形资产的开发，并有能力使用或出售该无形资产；（5）归属于该无形资产开发阶段的支出能够可靠地计量。在满足上述五个条件时，公司发生的研发费用归属于开发阶段费用，可以进行资产化，从而确认为无形资产，在后期按照一定的摊销年限进行摊销；如果不满足上述条件，那么发生的费用只能作为研究阶段费用，进行费用化处理，所有费用化的研发费用列入公司当期的损益，即管理费用，最后在计算净利润时一次性扣除。

因此，投资者在对企业进行分析时，要区分发生的研发费用是进行资产化处理还是费用化处理。首先，当企业对其研发费用进行资产化处理时，要分析这一资产化处理是否合理，所研究的项目或者技术能否产生未来经济收样读就可以看出董事会的说法是否可信，对市场判断是否准确，对企业的掌控力是否可靠等。对于三张表中的任何疑问，都需要在附注中去找解释。其实，附注最好逐字细读，但通常投资者都没什么耐心。实际上企业必须披露却不太想让你明白的一些东西，都在附注里。要想取得比较优势，别人不读的东西，你得读。

对于财务报告的其他项目，在第一次阅读的时候，要认真一些，逐字逐句读。后面再读的时候，就可以一眼瞄过了。对于摘要，则可看可不看，因为都涵盖在后面原表的内容中，这样可以节约不少时间。

一般来说，企业上市时发布的招股说明书的信息量通常都非常丰富，比年报要大很多。对已经产生兴趣的企业，招股说明书不可不读。还不难理解，想跟人“要钱”时的讲解，和钱已经到手后的汇报，企业的态度通常会有差异。

5. 一些基本的财务分析报告的关注细节

公司年度报告分析

投资者对公司财务状况、经营成果和现金流量情况的了解，基本源于公司公布出来的财务报告，所以对公司发布出来的三大报表及附注需要进行相关分析，主要看的内容，一个是占比重较大的项目，另一个是当年变化较大或者当年各季度之间变化较大的项目，尤其要注意财务数据的变动情况与附注披露出来的信息之间的匹配度。不同财务科目之间的联系会反映出很多信息，比如企业资金的来源以及投入的方向，是借债还是增发新股，是用于收购还是扩产，经营的主要方向是加强销售还是注重牌照资质，未来的资产能不能保值，往来款项能不能及时收回或及时还款等。三大报表细节分析如图 3-2 所示。

益，还应该关注在进行资产化处理后，采用的摊销年限是否合理等；其次，当企业对其研发费用进行费用化处理时，要注意费用化会导致企业当期的利润变低，可能导致对外财务报表上的净利润比真实的利润小。

第二，应收账款。应收账款是商品与劳务赊销的结果。由于 TMT 行业中大部分服务和产品项目具有周期长、金额大等特点，因此企业为赢得商业竞争，往往会运用赊销的方式扩大销售，因此一般都存在大量的应收账款。一方面，应收账款的增加代表着企业销售收入的增加和经济效益的扩大，但另一方面，它也增加了企业的经营风险。过多的应收账款还会影响企业流动资金的周转水平，从而影响企业的竞争力。因此，在对 TMT 行业中现有企业进行分析时，我们也应该重点关注企业应收账款的潜在风险。

因此，在评价目标公司时，投资者要重点关注企业信用政策的制定是否合理、是否有严格的赊销审批制度、是否计提了合理的坏账准备以及在发生坏账后公司是否及时完整地进行了反映。应收账款直接影响到一家企业的利润以及现金的流动性，因此在评估是否有投资价值时，要重点关注企业对应收账款的风险防范措施。

第三，无形资产。TMT 行业的一个突出特点是研发投入比重大，无形资产占比大，投资者在考察目标企业时，要重点关注无形资产的情况。首先，要关注企业是否对无形资产建立了完善有效的内部控制制度、对无形资产的确认是否合理。其次，因为会计准则规定对使用寿命有限的无形资产要每年进行摊销，因此对是否摊销、摊销年限的确定、摊销方法的选择以及摊销金额的计算等几个方面都要进行考察。此外，TMT 行业是一个技术创新驱动的产业，技术更新速度快，所以公司的无形资产可能会出现可回收金额低于账面价值的情况，因此还应重点关注目标公司无形资产的减值处理情况。

第四，商誉。作为资本驱动下的“隐藏炸弹”，商誉是指能在未来期间为企业经营带来超额利润的潜在经济价值。会计视角下的商誉是投资者愿意支付的超额溢价。商誉是非同一控制下企业合并中，企业合并成本大于被购买方可辨认净资产公允价值份额的差额。中国现有会计准则下的商誉无需摊销，但商誉每年需进行减值测试，其减值损失一经确认不得转回。

近几年A股市场并购活跃，据彭博统计，2015年A股市场并购重组交易超1 000项，涉及金额1.4万亿元，创下历史新高，比2014年的0.83万亿元大幅上升了77%。并购市场的活跃以及资本市场的繁荣，使得被收购公司同样估值高企，不少被并购资产的估值，明显超过其账面价值，导致A股市场上商誉占净资产的比例加速上升。截至2015年，中小板及创业板非金融企业商誉占净资产比例分别达到7%及14%，远远超过主板非金融企业（2%左右）。

如果整体经济环境相对疲弱，这些被收购企业的经营及盈利状况就可能不达预期，这会对上市公司盈利增速造成拖累，兼并收购中产生的商誉也将面临计提减值准备的压力。

在进行公司分析时，投资者应小心隐藏在商誉细节中的陷阱。首先，有些公司进行了大量的并购活动，但在报表科目中却没有商誉，这可能是因为其将商誉放入了“无形资产”科目中；其次，由并购活动带来的风险，不一定都集中在商誉部分，投资者要关注其他可辨认资产带来的风险；再次，并购产生的商誉如果发生减值，不一定会导致公司利润大幅下降，投资者要关注对赌协议的影响；最后，上市公司有可能通过将一次并购拆分成多次的形式，实现在并购对价与标的均不变的情况下少确认商誉的目标。

投资者需当心与商誉相关的估值泡沫与赢家诅咒。首先，牛市中通过换股或新发股票完成的并购，很容易产生大量商誉，但当市场回归理性时，这种并购产生的资产极有可能面临缩水问题，投资者需当心牛市中的并购；其次，计算机、传媒等行业的净资产是否包括商誉项，对市净率比率的影响较为明显，投资者在对这种高商誉占比的公司进行估值的时候，可考虑剔除掉商誉的影响。

第四章

TMT 投资的整体特征判断

第一节　判断产业周期性与成长性、路径变异及主题热点

1.ICT 产业是周期性与成长性的附体

第一，周期性。周期性是指产业和国内或国际经济波动相关性较强，也就是说，产业景气度和某些因素最密切。

从大的角度来看，ICT 制造业增速与整个经济增速高度相关，而且非常敏感，走势基本保持一致，确实存在与经济同步的周期。我们可以发现一个特点，就是 ICT 产业的增长速度的弹性，远远大于 GDP 的增速，这在某种程度上表现出其成长性。

在周期性方面，基于网络建设的设备商和基于硬件制造的厂商表现更为明显，这是因为，一方面在经济衰败的过程中，通过信息基础设施拉动投资的冲动比较大，另一方面网络一般都有一个大的换代周期，比如第一代网络寿命在 15 年到 20 年，但是周期叠加大概在 6 年到 8 年就出现了（在中国由于 3G 网络与 4G 网络建设时间叠加，这个周期更短，原因是 3G 牌照发放晚但 4G 必须与全球同步）。硬件生产制造周期更多是由于包括终端普及等阶段性的快速发展造成的，同时由于摩尔定律等作用，其周期性表现更为明显。2008—2015 年全球经济增速以及 ICT 制造业的收入增速变化如图 4-1 所示。

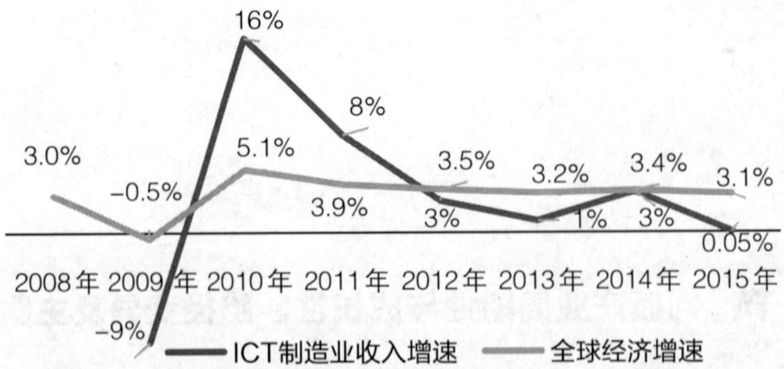

图 4-1　2008—2015 年全球经济增速以及 ICT 制造业的收入增速

可以说，不同子行业与经济增速的相关程度不一样，并且每个行业成长依赖的核心要素不同，因此在经济下行阶段，每个行业仍然具有不同的发展前景，找出影响行业周期性变动的核心要素，了解核心要素目前的状况，可以更清楚地掌握每个行业接下来的发展方向，表 4.1 给出了一些行业的主要影响因子。

表 4.1　行业主要影响因子

行业	第一影响因子	推荐程度	行业	第一影响因子	推荐程度
半导体	智能终端需求	推荐	汽车电子	需求	推荐
电子元器件	宏观经济	中性	医疗电子	需求	推荐
光学光电子	技术升级	推荐	电信运营	价格	强烈推荐
电子制造	宏观经济	推荐	互联网	政策	推荐
应用软件	宏观经济	推荐	广播电视网	政策	中性
系统软件	系统更新	推荐	物联网	需求	推荐
家庭娱乐软件	互联网发展	推荐	电信配套服务	运营商投资	推荐
通信传输设备	运营商支出	推荐	互联网服务	政策	推荐
终端设备	通信技术升级	中性	移动互联网服务	通信技术，智能技术	推荐
计算机设备	需求	中性	信息技术服务	宏观经济	中性

第二，成长性。不管是周期性还是非周期性，成长更多地是从行业的生命周期角度来说的，从大的康波定律演化到小的信息技术产业子行业发展，我们可以发现产业的发展周期呈现成长的特点。产业的发展周期一是呈现出缩短化和加速化的趋势；二是出现以信息技术为代表的高新产业逐步主导社会与产业发展，包括对传统产业的转型升级；三是在消费升级的过程中，包括互联网业务的消费替代了更多传统消费，这是导致信息技术产业可持续性发展的原因。

在网络建设的过程中，尽管大的网络建设具备周期性，但是由于技术路线的复杂性以及业务拉动的实时性，网络的演进升级要求不停的投入，而信息安全、云计算、大数据等的发展，使得 IT 建设具有持续性。同时，通信网络及计算能力的不断提升、演变，导致信息传播的扁平化和实时化，整个社会对信息的需求释放和被牵引，使得以前的很多长尾业务逐步左移，从而演变为主体业务。业务应用从“工具—信息通信—传媒娱乐—电子商务—生活服务—企业服务—工业互联网”等触角延伸。信息消费依托网络发生，具有独特的网络效应是其基本特征，移动互联网已经成为信息消费增长的重要驱动力量。信息消费多在消费者的碎片化时间内实现，移动互联网的快速普及与发展，更强化了这一特征，同时基于网络的信息消费市场活跃、技术活跃、应用活跃，网络与终端设备更新换代周期不断缩小。

由此可见，无论经济好坏，信息基础设施的不断投入都会成为常态，信息技术产业的业务创新不断，新的业态、商业模式不断催生，最后将导致整个 ICT 大产业表现出周期性与成长性附体的特性。

综上，可以说 ICT 行业是周期性和成长性并存的行业。ICT 行业的周期和经济波动的相关性较强，并且增速的弹性远远大于 GDP 的增速；而 ICT

行业的周期也表现出缩短化、加速化的特点，其成长的特点为向高新产业主导方向发展和消费升级，互联网消费更多地代替传统消费。

2. 目前 TMT 行业的基本认知：路径的变异导致了产业生态的演化

TMT 行业演变的基本路径为：网络建设—适应服务需求—信息服务驱动—新的网络建设（见图 4-2）。不管是 3G、4G 抑或其他网络建设，由于技术的要求不一样，设备供应商必须要适应网络建设和运营要求才可以得到发展；当网络建成以后，适应网络和匹配业务发展的终端会得到大规模普及，那些对赌技术路线的终端设计和制造厂商将有很大的发展；随着网络终端的成熟，各种业务的发展与应用被极大地普及和创新，反过来重新要求匹配的网络和终端，周而复始地带动了整个信息技术产业的发展，尤其是移动互联网应用、智能终端、云计算、物联网的出现，改变和颠覆了原有的业务、市场以及规则，新的应用、新的技术带动新的消费需求，同时新的消费需求又会拉动产业发展，使得信息产业具备很强的投资基础。

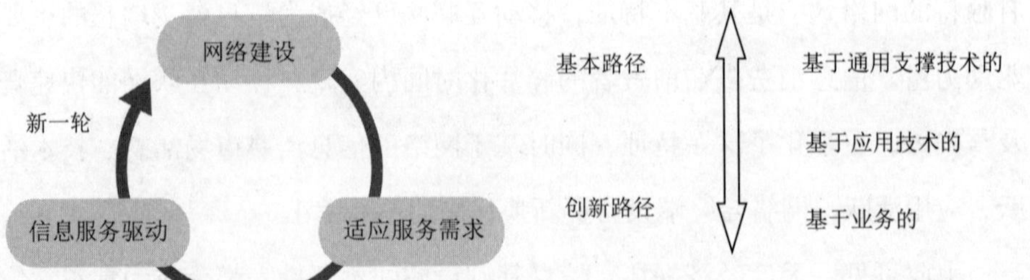

图 4-2　TMT 行业基本演变路径

我们可以看到，网络、终端以及业务都处于变化之中，在这个过程当中，只有极少的一部分被继承，更多的则源于新的要求、新的技术、新的产品、新的模式。

我们可以从中发现几个特点。第一，基于通用支撑技术的生命周期轨迹相对明确，格局相对明朗，判断起来比较容易。比如我们在投资中说到信息基础设施建设，从核心电子、网络建设到系统和平台支持等，不管是技术路径还是应用路径都很有逻辑，可以从产业链价值变迁上来看一个公司未来发展的潜力，从而可以明确地决定推荐或者不推荐。第二，基于应用的技术产品演化路径，也可以有相对明确的结论。举个例子，观察高德纳在2014年和2015年发布的新兴技术成熟度曲线，我们就会发现，云计算和大数据已然不见，代表它们已不再是“新兴”技术，而成为了“主流”技术，进入落地阶段。第三，基于业务的模式创新是变化多端的，最难以捉摸。在消费驱动方面，消费者主体、对象和方式多样化、消费结构多样化的特征，使得业务创新周期不断缩短，很多业务在最初的火热中转瞬即逝，哪怕是在资本的推动下都难以为继，甚至连过去所说的长尾业务都达不到了，充分表现了当下消费者的消费特征，这种特征反过来强化了业务发展的速度。

3. 未来的投资方向

按照上文分析的信息产业发展研究要素和发展路径，下一个未来的大产业趋势在哪里？在产业大趋势下，哪些行业或者细分产业更有发展前途？在没有更具破坏性创新的技术出现之前，我们现在可以看到的促进要素有：一是产业发展到一定阶段需要转型升级才可以进一步发展；二是在消费升级的过程中如何更有效地抓住用户的钱包份额变得更为关键；三是一些技术包括网络技术、软硬件技术等发展到了可以聚合的状态。这些要素决定了包括物联网、云计算、大数据与人工智能产业快速发展的必然性。

物联网似乎是个无所不能的网络，在互联网的基础上，人人相连、人物相连、物物相连。物联网，首先体现的是规模数量，其次体现的是感知技术，再次体现的是连接技术，最后体现的是应用拓展。云计算是一种资源调配的模式。大数据则是对海量信息的价值挖掘。人工智能则强调其是否可以与人类智能相似。可以说这些产业或者技术包含了目前几乎所有需求，很多细分的产业主题热点都包含在其中，这也是下一个主要的投资方向。具体如图 4-3 所示。

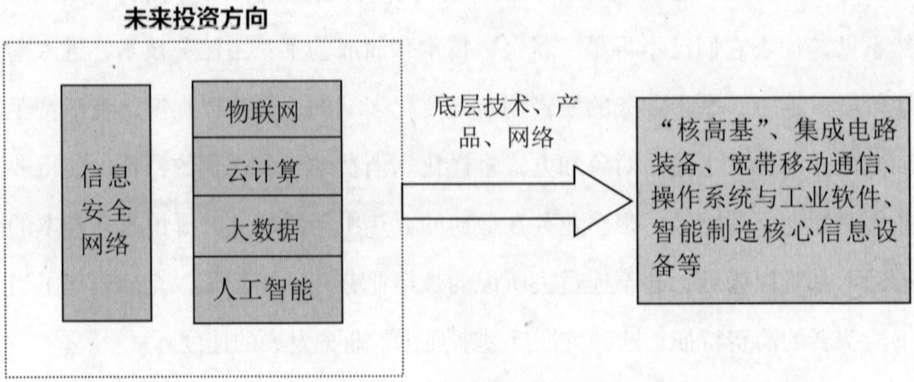

图 4-3　未来投资方向

这些主题热点如果下沉到底层技术、产品、网络，就需要我们关注“核高基”（核心电子器件、高端通用芯片、基础软件）、集成电路装备、宽带移动通信、操作系统与工业软件、智能制造核心信息设备等方面的发展。同时，基于大数据共性关键技术，建立数据开放共享的标准体系和交换平台；基于安全等要素的天基信息网、未来互联网、移动通信网的全面融合，打造覆盖全球的天地一体化信息网络也是值得考虑的方向。

政策支持的新一代信息技术发展重点引用如下：大力发展泛在融合、绿色宽带、安全智能的新一代信息技术，研发新一代互联网技术，保障网络空间安全，促进信息技术向各行业广泛渗透与深度融合；发展先进计算技术，重点加强E级（百亿亿次级）计算、云计算、量子计算、人本计算、异构计算、智能计算、机器学习等技术研发及应用；发展网络与通信技术，重点加强一体化融合网络、软件定义网络/网络功能虚拟化、超高速超大容量超长距离光通信、无线移动通信、太赫兹通信、可见光通信等技术研发及应用；发展自然人机交互技术，重点是智能感知与认知、虚实融合与自然交互、语义理解和智慧决策、云端融合交互和可穿戴等技术研发及应用；发展微电子和光电子技术，重点加强极低功耗芯片、新型传感器、第三代半导体芯片和硅基光电子、混合光电子、微波光电子等技术与器件的研发。

第二节　市场表现——估值中枢下移、分化继续、诱惑力依旧

1. 估值体系中枢下降是必然

从 TMT 板块的历史估值分别与净资产收益率和归母净利润的相对变化来看，2008 年金融危机后，国家启动了相关计划，包括在 TMT 领域发放 3G 牌照，提出战略新兴产业概念、出台相关政策，推广物联网，加速智能终端放量等动作，整个 TMT 的估值达到了一个高峰，平均估值达到了 57 倍，而同期各行业估值基本都在中值附近；到了 2011 年、2012 年，由于业绩的后验、3G 建设后期等因素，整体估值开始下行到 32 倍左右。从 2013 年开始由于手游、4G 预热等的发展，TMT 估值体系又开始进入到一个新的上升期，尤其是国产替代、网络与信息安全、O2O、企业转型、工业互联网等概念兴起和发展，到 2015 年年底，TMT 整体估值达到了惊人的 80 倍，但是子行业估值却发生了极大的分化，计算机行业达到了 95 倍，传媒和电子达到了 70 倍，只有通信在 58 倍左右，但是这仍然分别高出 5 年平均估值绝对值的 18 倍到 40 倍，这些数字很惊人。我们再看一下工业和信息化部网站公布的 2015 年 1—11 月数据：我国软件和信息技术服务业完成软件业务收入 38 217 亿元，同比增长 16.2%，增速低于上年同期 3.9 个百分点，完成利润总额 4 422 亿元，同比增长 10.8%，增速低于上年同期 12.9 个百分点；规模以上电子信息制造业增加值同比增长 10.8%，电子信息制造业的销售产值同比增长 8.8%；通信设备行业实现销售产值同比增长 13.9%。

图 4-4 展示了 TMT 估值与净资产收益率走势及归母净利润的趋势。

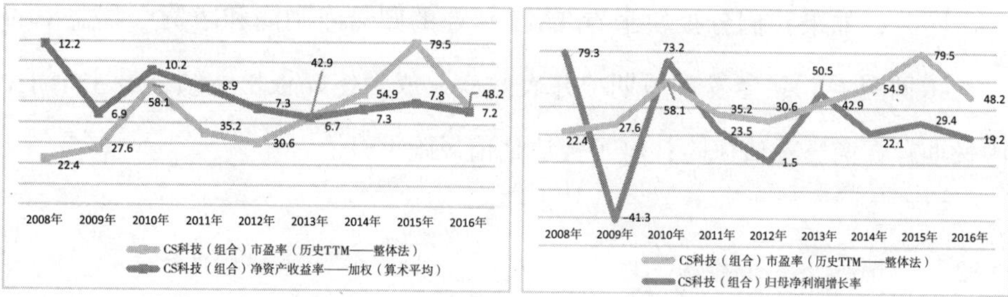

资料来源：Wind。

图 4-4 TMT 估值与净资产收益率走势及归母净利润的趋势

从财务的角度来看，TMT 行业的净资产收益率下降、归母净利润与估值成长性差距增大，财务指标与估值水平呈现明显背离。主要原因有两个：一是外界因素（宏观经济、股市资金）的变化带来的变化；二是内部成长性因素变化带来的变化。因此得出结论：行业很贵，未来估值重心预计将向 2013 年（44 倍）、2012 年（31 倍）的水平演进，还有平均 15%~30% 的下行空间。

2. 板块间估值趋同，注重业绩增长基本面因素

从 TMT 分板块的历史估值图（见图 4-5）来看，TMT 板块业务边界越来越模糊、估值体系向 2013 年的估值水平靠拢。

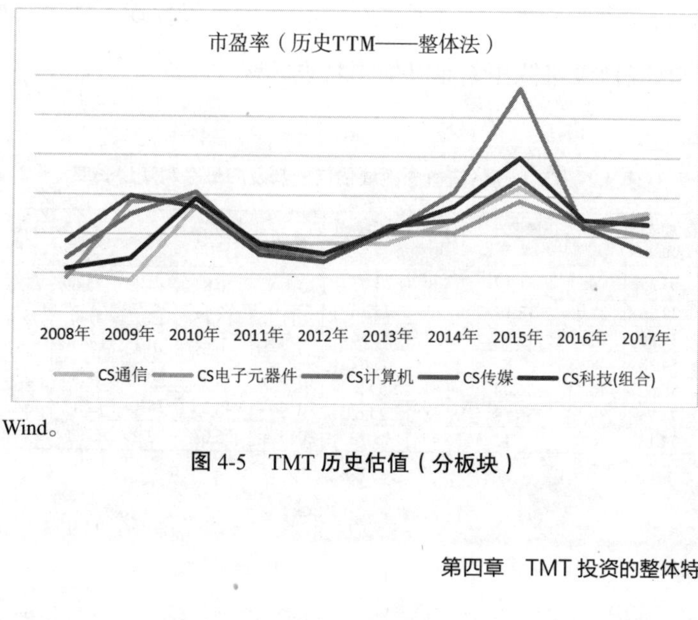

资料来源：Wind。

图 4-5 TMT 历史估值（分板块）

同时，如果我们分板块来看 TMT 行业的归母净利润和净资产收益率的变化（见图 4-6），会发现短期“并表效应”成为传媒板块业绩提升主推手，中长期存在商誉减值风险；电子板块估值风险上升。

资料来源：Wind。

图 4-6 TMT 行业归母净利润及净资产收益率变化

3. 分化持续存在，高成长与推陈出新的特点成为高估值推手

如果分别分析 TMT 高估值概念板块在 2010—2015 年的估值走势，以及归母净利润增长率在网络游戏、大数据、第三方支付、互联网营销以及网红经济等产业的变化趋势（见表 4.2）和 TMT 概念板块 2010—2015 年的估值变化以及归母净利润的增长率（见表 4.3），我们可以发现，概念板块频繁切换更新，高成长以及推陈出新是其突出特点。

表 4.2 TMT 高估值概念板块估值走势及归母净利润增长率

时间	网络游戏	大数据	第三方支付	互联网营销	网红经济
2010 年	60.35	45	31.19	62.36	72.67
2011 年	39.76	27.96	18.19	41.63	45.26
2012 年	30.88	25.7	17.07	40.01	37.36
2013 年	59.38	38.71	49.82	56.9	63.02
2014 年	58.62	46.41	46.44	54.31	59.3
2015 年	73.76	89.13	56.18	182.92	124.63
2016-06-17	54.18	76.33	51.12	56.78	75.72

时间	网络游戏	大数据	第三方支付	互联网营销	网红经济
2010 年	20.84	14.43	35.69	25.69	38.96
2011 年	15.15	15.22	0.62	12.4	12.63
2012 年	−0.39	10.42	−79.97	7.32	7.37
2013 年	0.18	−0.89	78.56	−2.92	−7.48
2014 年	48.25	14.14	62.17	40.13	51.69
2015 年	26.63	32.29	47.26	38.16	80.21

表 4.3 TMT 概念板块估值及归母净利润增长率

时间	智能穿戴	网络彩票	在线教育	传感器	虚拟现实	OLED	区块链	特斯拉
2010 年	80.77	55.08	69.33	61.09	59.4	57.74	53.96	67.4
2011 年	44.48	36.54	38.4	35.47	38.35	22.46	26.86	28.87
2012 年	27.24	34.78	37.09	36.21	28.93	23.56	21.67	28.71
2013 年	37.06	39.69	44.26	50.83	42.21	24.65	36.83	33.06
2014 年	44.02	52.22	57.57	45.42	42.08	33.11	53.38	39.89
2015 年	66.94	119.93	114.7	75.96	69.09	40.29	70.69	80.53
2016–06–17	77.25	98.34	80.97	69.72	55.14	53.8	64.3	75.52

时间	智能穿戴	网络彩票	在线教育	传感器	虚拟现实	OLED	区块链	特斯拉
2010 年	−86.09	61.76	34.19	53.76	7.43	−58.13	21.63	473.74
2011 年	1031.54	−17.34	17.82	−19.36	109.74	1087.58	17.29	3.11
2012 年	21.43	−33.45	13.7	71.8	−7.51	−89.47	−3.05	−63.33
2013 年	79.72	17.63	12.34	3.44	68.77	1950.83	32.02	227.08
2014 年	19.18	1.14	1.04	32.52	14.98	17.67	18.26	51.16
2015 年	−14.22	−96.33	3.88	−29.21	8.63	−11.92	7.87	−2.04

4. 从三个方面发现 TMT 的投资机会：政治势、技术势和消费势

第一，政治的积极变化，引发经济上的变化速度加快，市场在资源配置中的基础性作用开始加强，经济效率提升，结构转型加速，从而带来第三产业的快速发展、产业创新加速，体现在资本市场上，就是按照时间、价值等纬度，来考虑由于政治势的介入对产业发展造成的后果，这个后果有时是一个个板块的循环炒作因子，但绝对不是一成不变的。在“十三五”规划中有 40 处有关信息通信业的内容，如“实施网络强国战略，加快构建高速、移动、安全、泛在的新一代信息基础设施”“实施‘互联网 +’行动计划，发展物联网技术和应用，发展分享经济，促进互联网和经济社会融合发展。实施国家大数据战略，推进数据资源开放共享。完善电信普遍服务机制，开展网络提速降费行动，超前布局下一代互联网。推进产业组织、商业模式、供应链、物流链创新，支持基于互联网的各类创新”“运用大数据技术，提高经济运行信息及时性和准确性”。

第二，技术的快速变化重组分布大量社会资源，成为经济发展和社会运行的基本要素。各种技术广泛融合和深度应用，培育新产业、新业态、新模式，努力实现经济发展方式转变和产业结构调整，带来了包括小微企业成为“巨人”的可能。资本市场需要在这样的变化中寻找公司的价值，如技术本身发展带来

新产业新模式的新公司，以及所谓的O2O、“工业4.0”在内泛互联网传统产业的新发展。目前，有四大方向需要投资者高度注意：集成电路及专用设备、信息通信设备、操作系统与工业软件、智能制造核心信息设备。集成电路领域包括高端芯片，信息通信领域包括4G/5G和光纤通信，操作系统包括自主知识产权的统一操作系统平台，智能制造核心信息设备包括高端路由器、智能终端、云计算、大数据、物联网，高速、移动、安全、泛在的信息基础设施建设，同时还包括可见光通信、硅光子、量子通信、SDN/NFV、海量数据分布存储、虚拟化、Hadoop、ADAS……

第三，在消费势中，我们必须考虑包括人口总量、年龄结构、收入水平、消费心理与消费结构等因素的变化，这些将成为消灭和催化产业发展的关键和核心，最后导致钱包份额分配的变化。投资时机将表现在如信息产品的购买转换、信息服务的升级、用户入口争夺带来的投资机会等。从消费主体来讲，年龄上由中青年向两端延展，包括中小学生、老年人比例一再扩大，消费主力群体扩大。关系上由传统的熟人关系向消费圈子化发展。消费者信息越来越透明化，消费对象、消费方式和消费者意愿相互作用，使消费者信息越来越透明。

从消费业务来看，第一，业务互联网化成为趋势，除了传统通信服务逐渐互联网化之外，消费行业也由于互联网发生着深刻变化；第二，业务大数据化是用户规模、业务数量快速增长与互联网化的结果；第三，终端与业务（应用）紧耦合化。从消费方式来讲，消费方式灵活化、消费方式一站化、消费过程分享化。可以说，信息消费依托网络发生，具有独特的网络效应是其基本特征，移动互联网已经成为信息消费增长的重要驱动力量，信息消费多在消费者的碎片化时间内实现，移动互联网的快速普及与发展，更强化了这一特征，同时基于网络的信息消费市场活跃、技术活跃、应用活跃，网络与终端设备更新换代周期不断缩小。第四，基于产业资本或者权贵资本干预下的市场特征，要关注产业资本或者权贵资本对某一个细分市场的整合效应带来的资本市场的发展。这背后深刻的原因就是在新的时代下，产业资本和权贵资本也需要突围，需要在某个经济方面，尤其是新经济方面做一个大的掌控，从而在未来获得主动性。

第三节　信息技术产业发展的新特点新趋势

1. 未来信息技术发展的三条路径

社会进化的三条路径为进步、消亡和衍生，信息技术产业的发展也依循这三条路径。在进步阶段，信息技术产业在发展过程中推陈出新，因此底层技术及网络不断演进，比如集成电路、光通信、SDN/NFV。在消亡阶段，社会传统产业在信息技术发展和消费升级的过程中死亡或再生，此时，传统产业升级，革命性技术生机盎然，如人工智能、大数据、云计算和物联网。在衍生阶段，科技进步发展衍生出新的产业发展，新业务与新需求层出不穷，如 4K/8K、VR/AR、移动直播、企业服务、工业互联网、信息安全等。

进步：国内科技不断发展，在全球舞台上成长壮大

电子信息技术核心产业，如集成电路、LED 等行业板块，在发展中受到了以政权消费为主要目标的刺激。这个行业受摩尔定律、诺维格定律、反摩尔定律等的制约，由于技术的落后性与产业的不可领导性，一般都有很强的路径依赖性，被产品和客户牵着鼻子走，因此在投资上必须小心。基于国家和产业的安全高度，以及产业自身发展壮大的要求，集中突破核心关键技术，全面提升产业核心竞争力，成为中国目前的重中之重，从国家战略顶层设计方面，推动集成电路核心技术突破、持续带动集成电路产业的大发展等，将成为投资重点。因此，我们需要寻找一个可持续存在的市场，在技术上不断和国际企业缩小差距，逐渐提高国产替代率。

信息技术网络产业，如移动通信、互联网、物联网、三网融合等需要边际扩张和商业模式重塑。包括吉尔德定律（在未来 25 年，主干网的带宽将每 6 个月增加一倍。其增长速度超过摩尔定律预测的 CPU 增长速度的 3 倍）、麦特卡尔夫定律（网络价值同网络用户数量的平方成正比。如果将机器连成一个网络，在网络上，每一个人都可以看到其他所有人的内容，在 100 个人

中每人能看到100个人的内容，所以效率是10 000。10 000个人的效率就是100 000 000……）、“新摩尔定律”（光纤定律，互联网带宽每9个月会增加一倍的容量，但成本降低一半，比晶片变革速度的18个月还快）等继续在这个行业起着很大的作用。目前电信设备商还处在一个以技术创新为主的竞争层面上，未来，应该会从抢占技术创新的制高点转变为抢占商业模式创新的制高点。在市场化的发展过程中，这些企业如果不能有效地拓展边界寻找新的方向，未来发展中的估值水平将呈下降趋势，投资的意义将逐步降低，因此转型成为关键。

消亡：社会传统产业在信息技术发展过程中死亡或再生

在产业升级改造和结构重塑时，信息技术的作用不可忽视，其核心就是——无所不在的终端、空前强大的后台云计算能力、不断升级的宽带网络，构成了产业互联网的基础，这些基础改变了整个生产体系、流通体系、融资体系、交付体系，将实体经济与虚拟经济有机融合，使得运营成本更低、效率更高、经济效益更大。这里，一是原有互联网生态向传统产业渗透（信息流模式得到加强，交互性、共享性等带来了包括扁平化在内的趋势），产供销的商业模式发生了变化。二是带来产业边界的大融合与模式的大创新（通过将机器、终端、设备嵌入或外挂智能模块，实现硬件的智能化，最终达到产业与互联网相融合的状态）及传统产业的新估值（产业格局变化带来可能的第二春，比如制造业服务化，服务业制造化下的新成长模式）。

现阶段，服务业向工业互联网纵深发展，其关键点在于：数字化研发设计包括仿真模拟、三维描述、高速运算、大数据库等信息工具，将提升研发设计的效率和水平；电子信息技术嵌入到产品，包括关键的零部件、元器件、关键材料的质量和自给率；制造设备的数控化，包括高档数控机床、智能工业机器人、3D打印等；制造过程的智能控制；制造业产业链的网络化、社会化和服务化，包括故障预警、在线维护、远程优化、智能物流、电子商务、协同制造、个性化定制。未来这些都可以看作在产业互联网中投资所需要的核心方向。

衍生：科技进步发展中衍生出来的新的产业发展

信息网络的演变，导致高带宽在内的通道顺畅，整个社会需求的释放和被牵引，使得很多长尾业务逐步左移，从而演变为主体业务。依次通过工具—信息通信—传媒娱乐—电子商务—生活服务五个阶段，许多产业产生了颠覆性变化。

图 4-7 展示了这一过程。

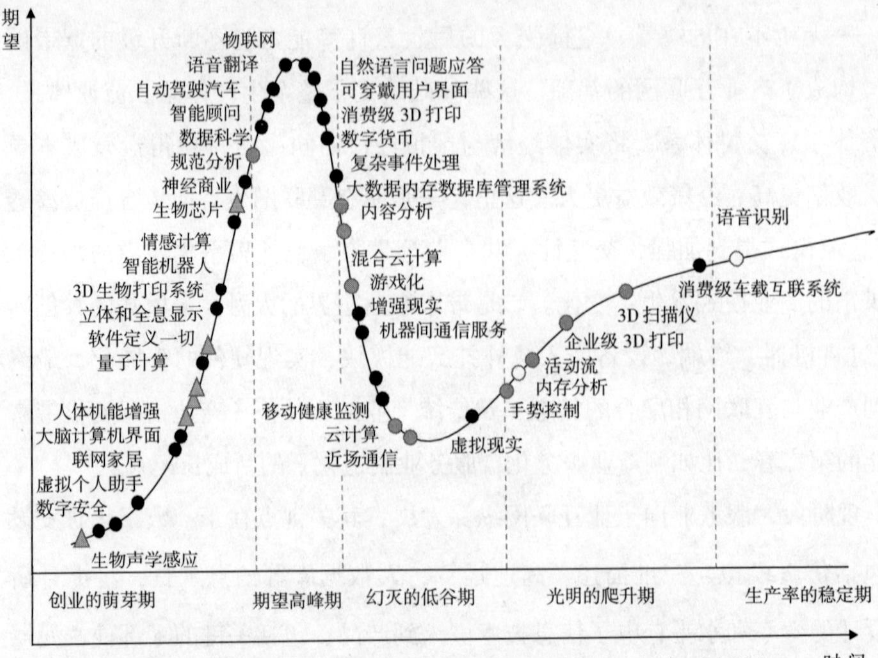

资料来源：Gartner。

图 4-7　科技进步与产业发展的变化过程

在这类技术推陈出新的过程中，我们需要注意的是资本市场与产业发展周期的关系，这一类公司往往是未来TMT资本市场上最容易出现牛股的公司。

2. 信息技术产业的新特点和趋势

新封装＋新制程，智能终端持续刺激创新及需求

摩尔定律发挥的作用预计会延续到2020年以后，新的材料和工艺尚未成熟，融合成为IC（集成电路）主流趋势，而14nm等制程技术成熟度较低，还未成主流，SoC（系统级芯片）融合封装创新仍是发展趋势（如图4-8所示）。

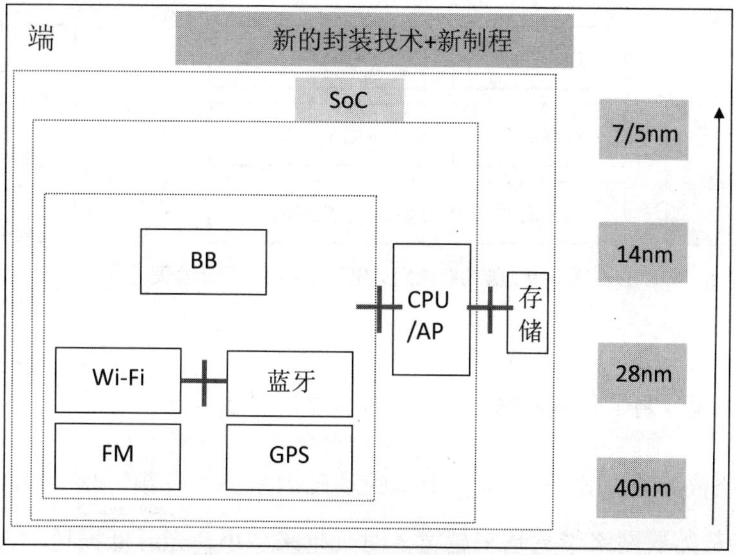

图4-8　新封装＋新制程发展示意图

同时，智能手机、物联网终端数量激增，不仅在量级上超过PC，在溢出效应上也远远超出后者，开放、廉价、低功耗的移动芯片迅速应用到人类社会的每个角落；智能终端周边电子元器件（LED、显示等）迎来上升周期（如图4-9所示）。

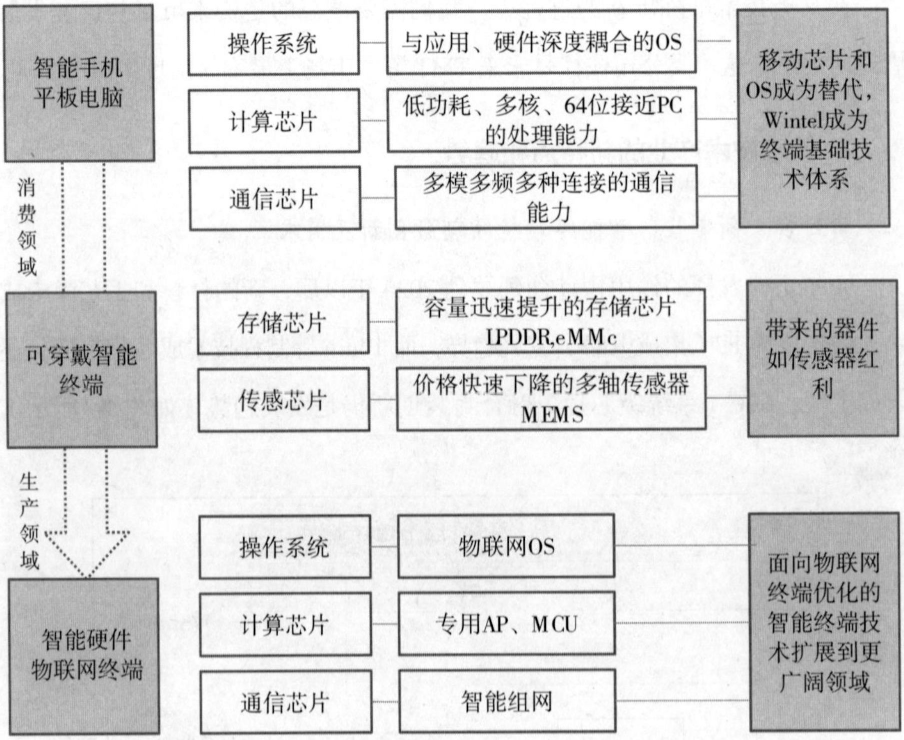

图 4-9　智能终端周边电子元器件发展示意图

高带宽、扁平化、软件化，管道价值重新评估

网络高带宽是触发云和端变革的基础因素：大视频（4K → 8K → AR/VR）趋势需要网络带宽越来越宽、时延越来越小，光纤低损耗、大有效面积趋势显著；光设备及光器件向超高速率演进。

而从扁平化、软件化，网络管道价值增强方面来说，海量数据流量冲击，使得运营商网络架构持续扁平化；CDN 等计算能力节点下沉到网络边缘；SDN/NFV 等技术的普及降低了网络成本、提升网络弹性，管道价值增强，数通设备市场格局迎来了颠覆性变革（如图 4-10 所示）。

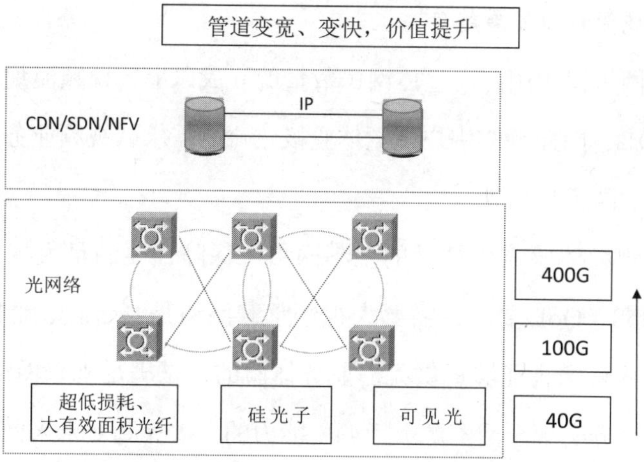

图 4-10　高宽带、扁平化、软件化示意图

人工智能、大数据、云计算、物联网重构传统产业生态

基于水平化平台的垂直整合模式，正在从移动互联网领域向工业等领域延伸。云计算、物联网、人工智能、大数据都是构建新型生态系统的不可或缺的部分（如图 4-11 所示）。

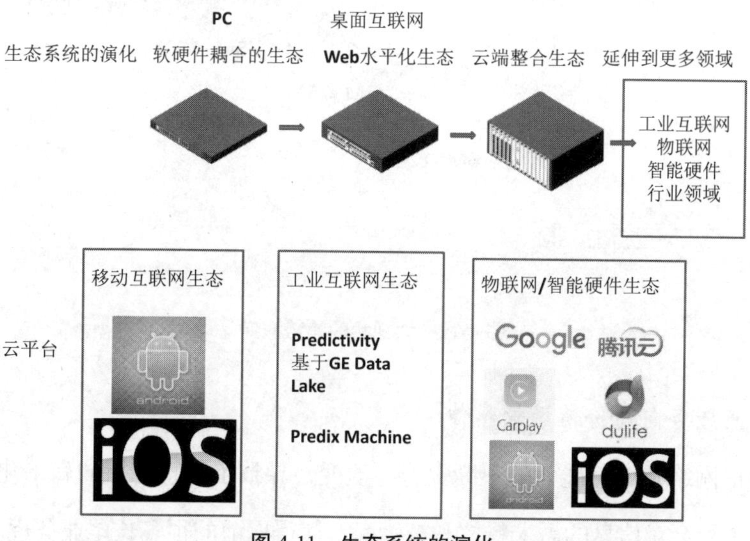

图 4-11　生态系统的演化

大视频成为新的发展趋势

目前，网络视频用户占整体网民数量的 6 成以上，视频流量占整个网络流量超过 70%，因此顺应用户视觉体验极致化的需求，视频业务呈现出高码率、高并发、高感知趋势。

极致的视频体验需要精品的视频网络来保障，要满足大视频业务对网络苛刻的 QoS、QoE 要求，需要大视频承载网络是高带宽、低时延、低丢包率的，是固移融合能够提供无缝业务体验的，是满足未来网络 SDN/NFV 架构需求、充分实现全网资源灵活调度能力的。大视频对未来网络能力的要求，包括能够提供满足大视频业务要求的超宽带、低时延、QoS 的精品有线视频网络、精品无线视频网络以及 CDN 网络。大视频的趋势演变如图 4-12 所示。

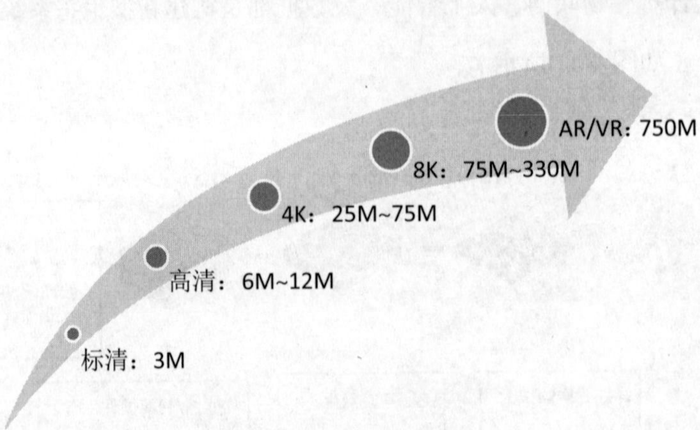

图 4-12　大视频的趋势演变

信息服务向高价值场景延伸

通信网络及计算能力的不断提升、演变，导致了信息传播的扁平化和实时化，整个社会对信息的需求释放和被牵引，使得以前的很多长尾业务逐步左移，演变为主体业务。信息服务业务应用沿着“工具—信息通信—传媒娱乐—电子商务—生活服务—企业服务—工业互联网”等路径发展（见图 4-13），触角延伸越来越多元，热点切换周期越来越短暂，为产业发展带来了颠覆性影响。

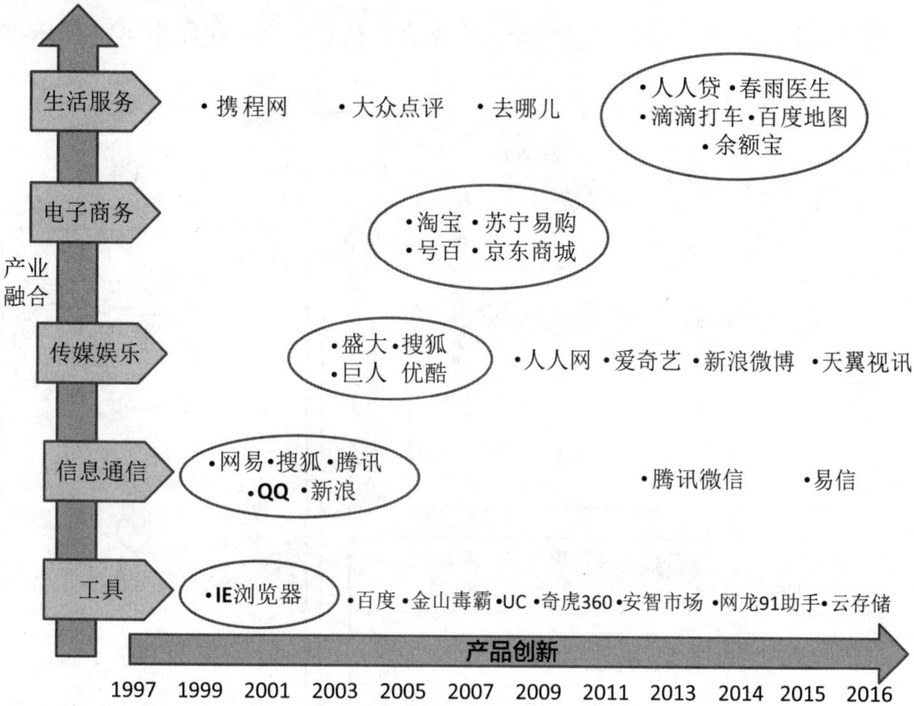

图 4-13　信息服务产业的发展

信息安全贯穿“云—管—端”

网络安全形势愈加严峻，关键产业环节发展受制于人；政策大力扶持叠加，新技术创新提速，信息安全产业有望局部弯道超车。

我国信息安全产业体系相对完备，生态环境加速优化完善，爆发可期：处理器等高端核心芯片产业生态薄弱，X86 架构以及军工存在较大机会；服务器、网络设备等硬件进入“中国时刻”，龙头企业受益最大。而国产基础软件在生态链中缺乏深度合作，尚未形成良性发展的产业生态。

信息安全产业发展趋势：党政军企是需求最大、价值最高的领域；物联网、云计算、工业控制等新兴领域拓展了信息安全应用范围；智能化、精准化趋势显著，人工智能和信息安全正在结合。信息安全变化如图 4-14 所示。

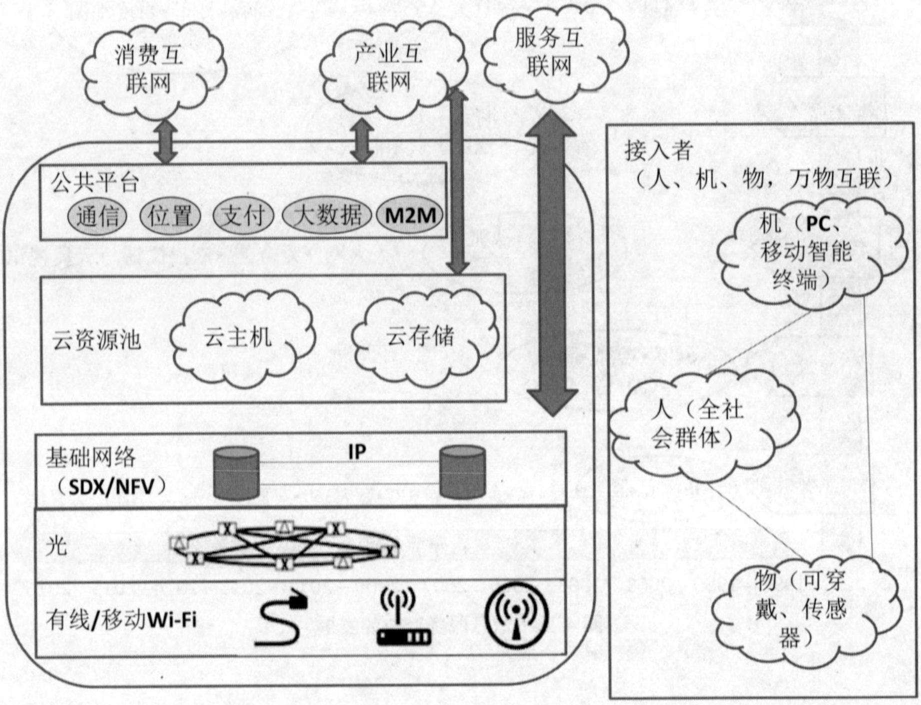

图 4-14　信息安全变化

第五章

TMT 投资趋势分析

第一节　通信设备行业：电信运营商资本支出主导，寻找投资主体多元化带来的结构性机会

一、由于中国信息经济的规模及结构差距较大，所以信息化基础设施投资的必要性随之加大

近年来，全球主要国家的信息经济（电子信息 + 软件服务 + 电信运营 + 广播电视 + 传统产业中信息资本存量带来的产出）快速增长，增长速度显著高于 GDP 的增速，信息经济在 GDP 中的占比持续提升，成为带动主要国家经济复苏的重要动力。

结构方面，2015 年全球发达国家的信息经济占 GDP 的比重在 50% 左右，成为拉动经济增长的重要动力。

增速方面，全球电子信息制造业和信息通信服务业进入了平稳增长期，信息经济持续增长。在 2008—2015 年间，中、美、日、英等主要国家的信息经济增速是 GDP 增速的 1.57~4.05 倍，信息经济占 GDP 的比重增加了 12.3%~21.2%。2015 年，美、日、英基础型信息经济占 GDP 的比重分别为 8.48%、5.53% 和 6.30%，显著低于历史峰值水平。

主要国家信息经济占 GDP 的比重如图 5-1 所示，主要国家信息经济及 GDP 增速如图 5-2 所示。

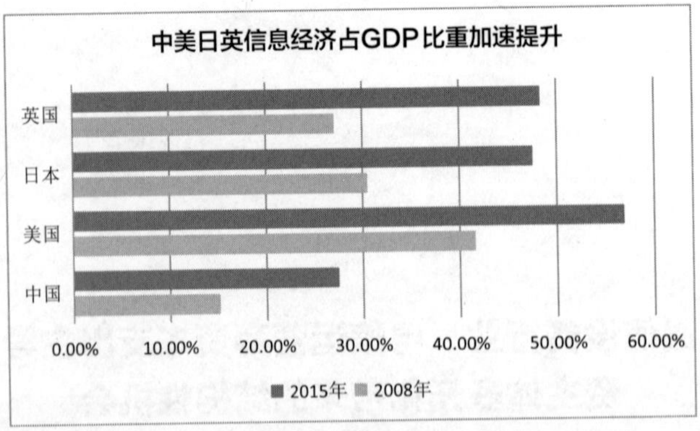

资料来源：中国信息通信研究院《中国信息经济发展白皮书（2016 年）》。

图 5-1　主要国家信息经济占 GDP 比重

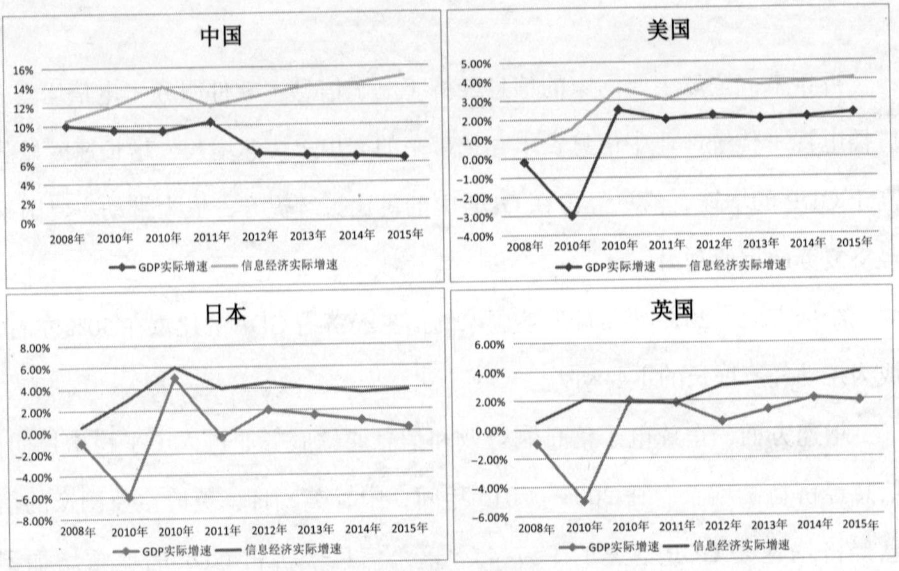

资料来源：中国信息通信研究院《中国信息经济发展白皮书（2016 年）》。

图 5-2　主要国家信息经济及 GDP 增速

与国际上主要国家相比，中国的信息经济产业规模和结构存在着较大差距，未来的成长空间很大。

2015 年，中国信息经济的总量是 18.63 万亿元，在规模方面与美国相差 3 倍；从速度方面来看，自 2002 年以来，中国的信息经济一直以高于 GDP 的增速快速增长，对 GDP 增长的贡献率平均值达到 31.4%，占 GDP 比重从 2008 年的 15% 提升到 27.5%，但仍低于全球主要发达国家 25 个百分点左右。具体如图 5-3、图 5-4 所示。

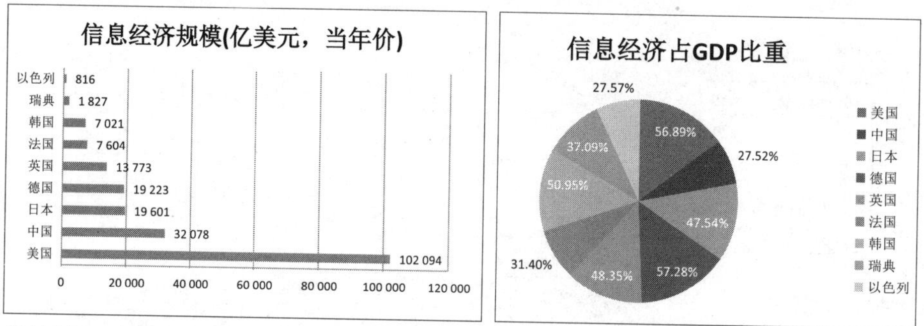

资料来源：中国信息通信研究院《中国信息经济发展白皮书（2016 年）》。

图 5-3　2015 年主要国家信息经济规模

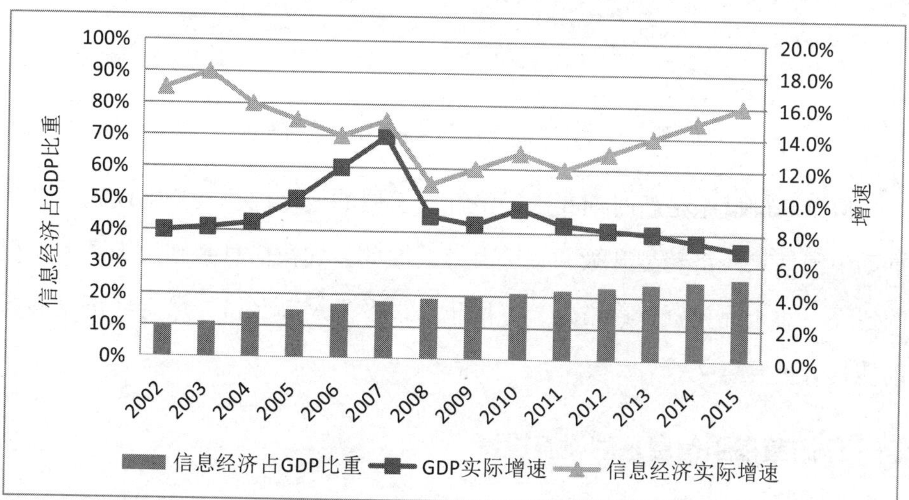

资料来源：中国信息通信研究院《中国信息经济发展白皮书（2016 年）》。

图 5-4　2015 年中国信息经济占 GDP 的比重及增速

全球经济的衰退"倒逼"以互联网、物联网为代表的新一代信息技术快速成熟并投入产业化应用，信息化应用的快速发展带动了业务量的快速增长和经济效率的提升，从而正向促进了基础设施建设和升级的演进。

可以看出，信息经济的快速发展离不开完备的、无处不在的信息基础设施的支撑，两者呈现相辅相成、螺旋式上升的关系。具体如图 5-5 所示。

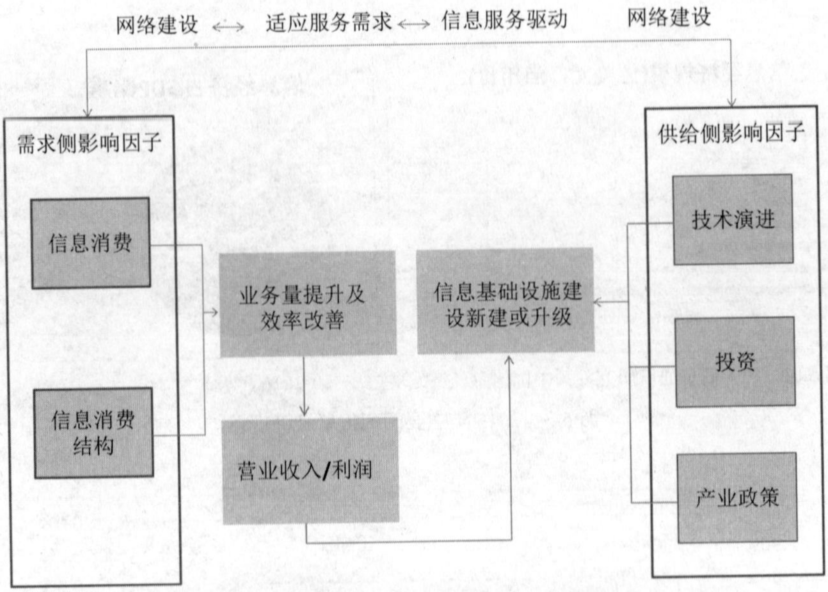

图 5-5 信息经济与信息网络基础设施的关系

信息基础设施是新时期我国经济社会发展的战略性公共基础设施，也是推动中国信息经济转型升级的关键支撑。因此，加快信息基础设施重大工程的建设，对于促投资、稳增长、惠民生，以及发展新经济、培育经济发展新动能具有重要意义。

1. 政策指引信息基础设施投资

宏观经济和政策对资本开支影响很大，由于国内电信运营商都是中央企业，所以它们的资本开支受政策影响更大。运营商的资本开支几乎与宏观经济发展趋势成反比：在经济不景气周期的开始阶段，政府通过颁发频谱牌照等行政刺激手段，拉动基础设施建设投资，带动经济的增长。具体如图 5-6 所示。

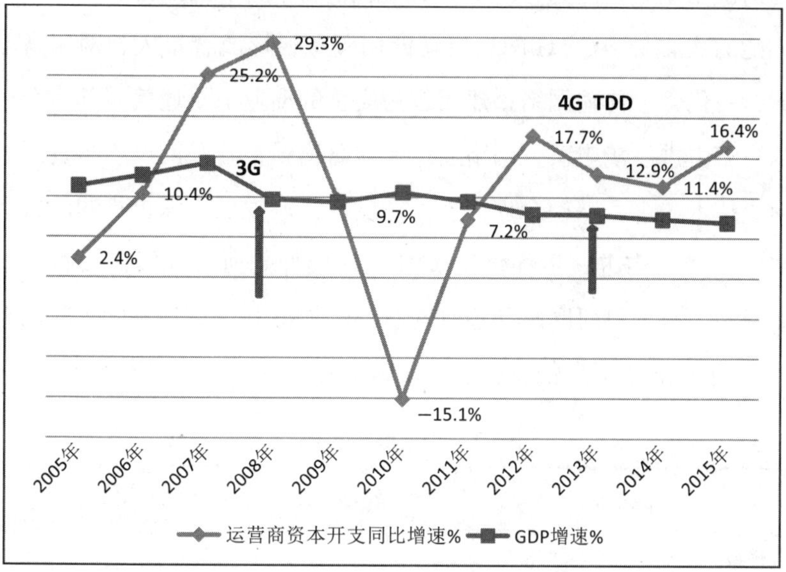

资料来源：国家统计局。

图 5-6　运营商资本开支与 GDP 增速的关系

2016 年 11 月 29 日，国务院印发《“十三五”国家战略性新兴产业发展规划》：实施网络强国战略，加快建设“数字中国”，推动物联网、云计算和人工智能等技术向各行业全面融合渗透，构建万物互联、融合创新、智能协同、安全可控的新一代信息技术产业体系。到 2020 年，力争在新一代信息技术产业的薄弱环节实现系统性突破，总产值规模超过 12 万亿元。在构建网络强国的基础设施建设中要求深入推进“宽带中国”的战略，加快构建高速、移动、安全、泛在的新一代信息基础设施，主要包括大力推进高速光纤网络建设、加快构建新一代无线宽带网、加快构建下一代广播电视网等。

2016 年 12 月 18 日，“工业和信息化部关于印发信息通信行业发展规划（2016—2020 年）的通知”指出：到 2020 年，信息通信业整体规模进一步壮大，综合发展水平大幅提升，“宽带中国”战略各项目标全面实现，基本建成高速、移动、安全、泛在的新一代信息基础设施。覆盖陆海空天的国家信息通信网络基础设施进一步完善；光网和 4G 网络全面覆盖城乡区域，宽带接入能力大幅提升，5G 网络启动商用服务；形成容量大、网速高、管理灵活的新一代骨干传输网络；建成较为完善的商业卫星通信服务体系；国际海、陆缆路由进一步丰富，网络通达性显著增强；互联网设施与资源大幅提升；形成技术先进、结构合理、规模适度、协调发展、绿色集约的数据中心新格局；网络架构进一步优化，CDN 网络延伸到所有地级市；确保国内主要商业网站、教育科研网站和政府网站都能支持 IPv6，使国际互联网布局更加完善。“十三五”时期信息通信业发展主要指标如表 5.1 所示。

表 5.1 “十三五”时期信息通信业发展主要指标

指标	2015 年基数	2020 年目标	年均增速（%）
Ø 行业规模			
信息通信基础设施累计投资（万亿元）	1.9（“十二五”）	2（“十三五”）	[0.1]
Ø 发展水平			
国际出入口业务带宽（太比特每秒）	3.8	20	39
月户均移动互联网流量（兆）	389	3100	52
IPv6 流量占比（%）	＜1	5	[＞4]
M2M 连接数（亿）	1	17	76
Ø 服务能力			
大中城市家庭宽带接入服务能力（兆比特每秒）	20	＞100	[＞80]
半数以上农村家庭宽带接入服务能力（兆比特每秒）	4	＞50	[＞46]
行政村光纤通达率（%）	75	98	[23]
注：1.[ ] 内数值为 5 年累计变化数 2.IDI 指标由国际电信联盟（ITU）计算并定期发布			

资料来源：“工业和信息化部关于印发信息通信行业发展规划（2016—2020 年）的通知”。

2016 年 12 月 27 日，国家发展改革委、工业和信息化部印发了《信息基础设施重大工程建设三年行动方案》（以下称《行动方案》），积极引导社会资本加大有效投资，利用中央预算内投资继续支持农村地区信息基础设施建设，加快实施以宽带网络为重点的电信普遍服务补偿机制试点，推动尽快实现“十三五”规划《纲要》农村网络目标。加强对重点项目的融资支持，鼓励民间资本投资信息基础设施建设。为保障任务和目标的实现，2016—2018 年信息基础设施建设共需投入 1.2 万亿元。其中拟重点推进骨干网、城域网、固定宽带接入网、移动宽带接入网、国际通信网和应用基础设施建设项目 92 项，涉及总投资 9 022 亿元。相关的政府信息基础设施发展政策指引文件如表 5.2 所示。

表 5.2　相关的政府信息基础设施发展政策指引文件

时间	主导部门	政策文件	主要内容
2016 年 11 月 29 日	国务院	《“十三五”国家战略性新兴产业发展规划》	构建网络强国基础设施中要求深入推进“宽带中国”战略，加快构建高速、移动、安全、泛在的新一代信息基础设施。主要包括大力推进高速光纤网络建设、加快构建新一代无线宽带网、加快构建下一代广播电视网等
2016 年 12 月 18 日	工业和信息化部	《信息通信行业发展规划（2016—2020 年）》	到 2020 年，信息通信业整体规模进一步壮大，综合发展水平大幅提升，“宽带中国”战略各项目标全面实现，基本建成高速、移动、安全、泛在的新一代信息基础设施
2016 年 12 月 27 日	国家发展改革委、工业和信息化部	《信息基础设施重大工程建设三年行动方案》	2016—2018 年信息基础设施建设共需投入 1.2 万亿元。其中拟重点推进骨干网、城域网、固定宽带接入网、移动宽带接入网、国际通信网和应用基础设施建设项目 92 项，涉及总投资 9 022 亿元

2. 信息化基础设施的投资主体扩大化趋势明显，民营资本积极参与，中国广播电视网络有限公司是潜在的第四大运营商

从政策层面看，目前政府正在积极引导社会资本加大有效投资，利用中央预算内投资继续支持农村地区的信息基础设施建设，加快实施以宽带网络为重点的电信普遍服务补偿机制试点，推动尽快实现“十三五”规划《纲要》农村网络目标。加强对重点项目的融资支持，鼓励民间资本投资信息基础设施建设。

从几个信息基础设施的重大投资方向来看，投资主体不仅包括传统的三大运营商、中国铁塔等，阿里、腾讯、京东、鹏博士、网宿科技等民营资本也积极参与了信息基础设施的投资。另外，三网融合的进程不断加快，中国广播电视网络有限公司作为第四大电信运营商的雏形初现，信息基础设施的投资主体扩大化趋势明显。信息基础设施投资方向及主体如表 5.3 所示。

表 5.3　信息基础设施投资方向及主体

投资方向	投资主体
骨干网	三大运营商、中国广播电视网络有限公司、教育科研等部门
城域网	三大运营商、中国广播电视网络有限公司、教育科研等部门
接入网	三大运营商、中国广播电视网络有限公司、鹏博士等民营企业
国际通信网	三大运营商，鹏博士、京东等民营企业
应用设施（IDC、CDN 等）	三大运营商、鹏博士、阿里、腾讯、网宿科技、中央电视台、中国广播电视网络有限公司等
移动宽带接入网	三大运营商、中国铁塔、中国广播电视网络有限公司

3. 国内互联网厂商严重依赖电信运营商，基础设施严重落后

美国新兴的互联网巨头逐步扩大资本开支，将资本投入网络、机房、服务器建设中，比如美国互联网巨头 ICT，在硬件领域的整体投入逐年加大。

美国互联网公司资本开支在2014年达到230亿美元，并在2015年不断增长，资本开支占净利润的比例达到70%。而中国互联网公司资本开支相对利润占比仅为25%，总资本开支约为美国同行的六分之一，比起美国互联网同行70%的占比有较大差距。随着互联网公司营收和利润的不断提升，BAT（指百度、阿里、腾讯）资本开支还有较大的提升空间。

美国及中国典型互联网厂商资本开支分别如图5-7、图5-8所示。

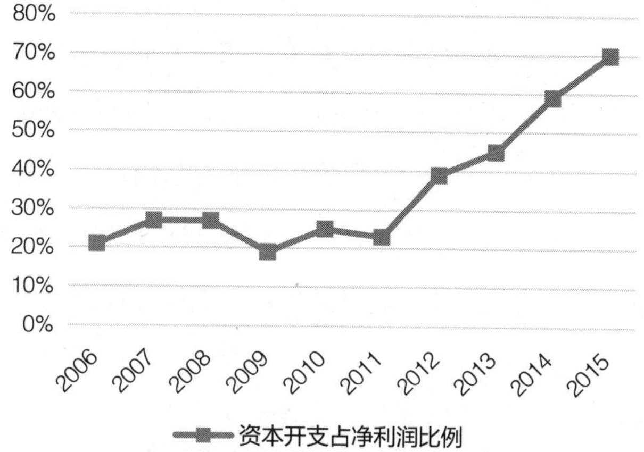

图5-7　美国典型互联网厂商资本开支

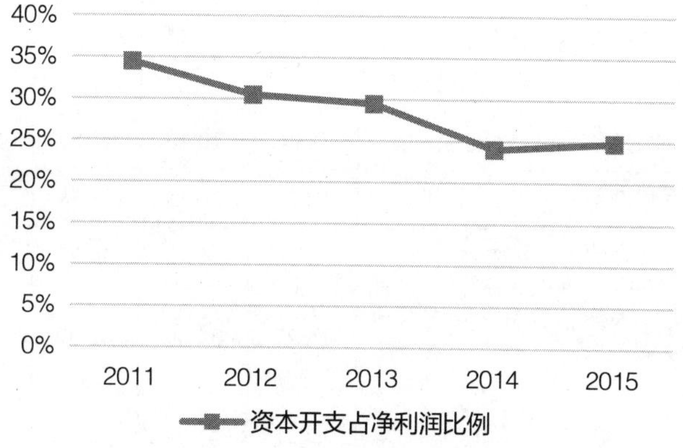

图5-8　中国典型互联网厂商资本开支

国内互联网厂商全部属于相对的轻资产运营，从国内主流互联网厂商的资本开支上看，在信息化资本开支中，带宽租赁费用占比超过 50% 以上（典型的如腾讯），网络等信息化基础设施仍然过度依赖国内的电信运营商。

未来的高价值业务应用（4K、8K、AR/VR、车联网等）越来越朝向大带宽以及高速率、低时延等方向发展。这对网络等基础设施的要求越来越高，如果仍然采用租赁的方式，未来的业务成本将会激增，而且产业话语权很可能会重新被电信运营商等拥有信息化基础设施的重资产公司所有。掌握云、管、端的综合竞争能力显得愈发重要，国外互联网巨头均在努力搭建完整的云、管、端资源。国外的互联网厂商 Alphabet 和 Facebook 及其他企业（如苹果公司和亚马逊）目前已经开始合理配置基础设施投资，以更好地支持和推动其业务的内容和服务发展，重点发力云计算以及海底光缆等项目。

BAT 信息化资本开支情况如表 5.4 所示，国际互联网公司海光缆计划如表 5.5 所示。

表 5.4　BAT 信息化资本开支情况

公司	开支项目（单位：亿元）	2011	2012	2013	2014	2015
百度	购买服务器、网络设备、电脑硬件，提升网络基础设施	17.62	23.11	27.57	48.27	52.30
阿里	电脑设备、家具、办公用品	7.49	10.46	32.85	47.70	54.38
腾讯	电脑设备	12.73	30.30	23.88	30.95	34.98
	频宽及服务器托管费			30.37	42.55	54.92
	移动及电信收费 + 频宽及服务器托管费	26.27	34.09	42.07		
信息化资本开支合计		64.11	97.96	156.74	169.47	196.58

表 5.5　国际互联网公司海光缆计划

时间	主要事件
2016 年 8 月	亚马逊宣布拟打造一条连接夏威夷和澳大利亚的海底光缆
2016 年 10 月	谷歌与 Facebook 以及中国软实力科技集团达成战略合作，铺设跨太平洋海底光缆
2016 年 10 月	微软与 Fackbook 在 Marea 光缆项目上展开合作

4. 第四大电信运营商雏形显现，信息基础设施投资再添生力军

中国广播电视网络有限公司未来准备实现广电网络“四个统一”，即统一规划、统一建设、统一运营、统一管理，持续稳步地推进全国有线电视网络整合。在未来三到五年之内，中国广播电视网络有限公司将研究制定广播电视网络整合的新方法、新路径，使全国有线电视网络可以实现一网运营，提升行业的规模化、集约化、专业化经营水平。中国广播电视网络有限公司已经拥有了第四大运营商的雏形。

电信业务的牌照逐渐完备，政策逐渐松绑。除去自身业务，中国广播电视网络有限公司先后获批了 IDC、ISP 增值电信业务经营许可、第二批增值电信业务经营许可，并成功申请了 IPv4、IPv6、AS 号。2016 年 5 月，工业和信息化部向中国广播电视网络有限公司颁发了《基础电信业务经营许可证》。未来，中国广播电视网络有限公司极有可能继续申请固定通信业务经营许可、国际电信业务及设置国际通信出入口局等。

目前，互联互通的平台建设正全面展开。全国有线电视网络互联互通平台一期工程，包括全国骨干传输网的新建和扩容、国家广电云、全国内容集成分发和全国融合服务中心建设，都已全面展开。另外，省网 FTTH 及双向化改造（2016 年第三季度双向网覆盖渗透率为 57.08%）仍在持续推进。具体如表 5.6、图 5-9 所示。

表 5.6　全国有线电视网络互联互通

业务层	广播电视业务
	互联网业务
	通信业务
平台层	集成播控和融合服务平台
基础能力层	广电云平台（IaaS）
	IDC 机房基础配套设施
	互联网接入应用系统
	数据网络系统
	传输系统

资料来源：中国广播电视网络有限公司官网。

网络建设

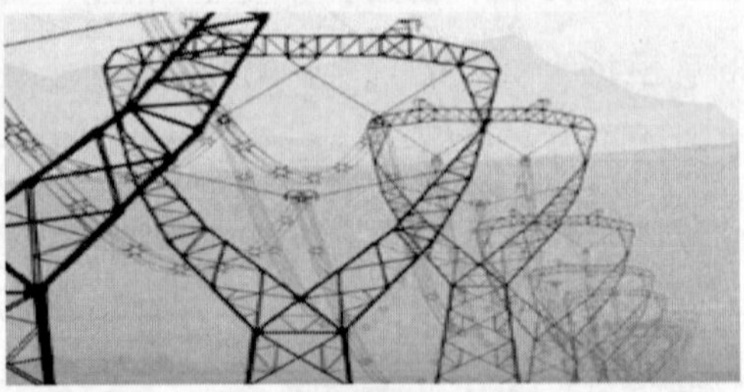

有线双向覆盖 **14 531** 万户，占 **57.08%**

有线双向渗透 **6 096.6** 万户，占 **23.95%**

资料来源：中国广播电视网络有限公司官网。

图 5-9　全国广电双向网改造

有线无线融合网络作为战略性信息基础设施，是电视无线化、信息应用数字化、智慧化的基础，通过有线无线融合网的建设来实现有线无线电视、数据网络的全覆盖，能够为移动互联网、无线物联网等产业提供帮助和支持，同时可以满足用户随时随地看电视、用网络的无线接入需求。

把建设覆盖全国的移动多媒体交互广播电视网作为目标，通过升级改造CMMB 网络，优先利用 CMMB 现有的 UHF 高频段技术手段，在节点站接收广播信号和双向信号，并将其转换为 Wi-Fi 延伸覆盖，从而形成一项面向有线电视、直播卫星、地面数字电视用户的延伸服务。

5. 主要国家新一代信息基础设施建设布局

目前，全球各个主要国家都在积极推进高速、泛在、移动、安全的新一代信息基础设施建设。

（1）宽带网络的战略性公共基础地位在不断提升。为了加快出台国家宽带战略，151 个国家已经制定了宽带规划，7 个国家正在积极出台国家宽带计划。将宽带列在国家战略部署的优先领域，进一步明确了宽带网络的公共基础设施地位。很多国家已经通过了网络中立等法案，将宽带视为同水、电、煤气一样的基础设施。

（2）全面布局网络空间战略。各国加快构建覆盖全球的、天地一体化信息网络，推进宽带互联网普及，加快国际信息通信设施的建设，统筹全球网络设施布局。

（3）持续推进高速宽带基础设施升级。欧盟委员会将对欧盟的电信规则进行全面调整，以鼓励对超高速网络的投资并加速推动欧盟公民接入无线网络，积极出台对高速宽带的支持政策，超前部署网络基础设施，提升宽带服务标准。

随着“宽带中国”战略和信息网络重大工程的深入实施，我国信息基础设施发展水平得到了快速提升，但是由于业务量的快速增长，网络演进升级的要求仍然迫切，需要新建高速骨干线路，扩建宽带接入网络，升级应用基础设施，布局海外信息通道，不断提升信息基础设施整体水平和支撑能力，全力推进高速、泛在、移动、安全的新一代信息基础设施建设。

（4）有线网络正在向持续高速化和智能化升级，国际带宽有望陡性激增，百兆接入将广泛普及，骨干传输网络迎来了400G时代。

（5）在固定接入网络方面，我国已经建成全球最大光接入网络，千兆宽带已经接入试水，四川、山东、河南等省份率先建成了全光网络，为用户提供千兆接入；骨干传送网持续扩容，全面进入100G时代。2017年，400G需求点显现，我国省际干线、大型城域网已基本完成100G波分系统建设，400G已经在部分城市进行试点。

接入网、局域网、骨干网演进趋势如图5-10所示。

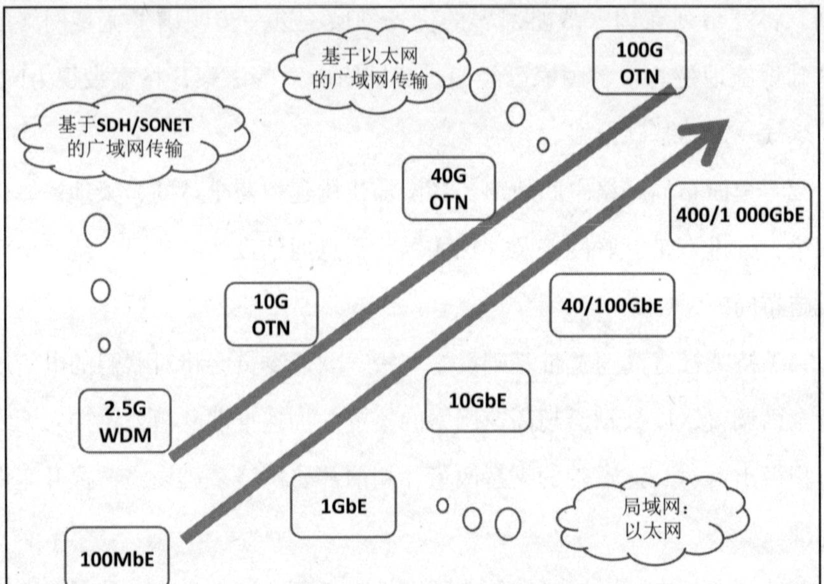

资料来源：ITU。

图5-10 接入网、局域网、骨干网演进趋势

（6）百兆接入将广泛普及，千兆网络进入发展元年。运营商将持续加速光网建设，扩大光网覆盖，预计未来1~2年内将实现以下发展目标：城区家庭具有100bit/s光纤的接入能力，80%以上的行政村实现光纤到村，主要城市的宽带用户平均接入速率超过30bit/s，其他城区平均接入速率达到20bit/s。按照以上目标，百兆接入网将会普及，电信运营商将布局千兆接入网来构筑下一代接入网的竞争优势。

从三大电信运营商的集采情况看，2016年是10G PON设备爆发元年，面对竞争对手发展重点区域的网络优势，中国移动10G PON集采可期待。2016年与2015年相比，作为固网宽带的后进入者，中国移动持续大规模地采购EPON，而中国电信的EPON采购量下滑，这段期间，GPON的采购量基本持平，10G EPON的采购量小幅增长。由于资本开支大幅下滑等原因，与2015年相比，2016年，中国联通的千万级别的采购数量，包括PON设备的集采下滑较大，但是10G PON进入了规模部署元年。表5.7整理了2016年三大运营商接入网设备集采情况。

表5.7　2016年三大运营商接入网设备集采情况

	2016年E/GPON设备集采情况	2016年10G PON设备集采情况
中国移动	在2015—2016年GPON设备集采中，OLT设备5 590端，ONU设备3.06万端；GPON SFU设备768万端；GPON HGU设备219万端，总规模在1 000万套左右	暂无集采
中国电信	2016年PON设备集采包括EPON设备新建OLT端口10万个、ONU（含MDU/MTU/SBU）宽窄带端口共120万个，GPON设备新建OLT端口70万个、ONU（含MDU/SBU）宽窄带端口共120万个	10G EPON设备新建OLT端口10万个、ONU（含MDU/MTU）宽窄带端口共120万个
中国联通	XG PON1 OLT集采约6 962台，OLT PON口数约59 891个，MDU约353.8万线	10G EPON OLT 3 345台，OLT PON口数4.1万个，MDU约209.6万线

未来，融合 10G PON 的方案将得到优化，可以在不改变现有 OLT（光线路终端）、ODN，不增加机架等的条件下便可升级为 10G PON，有效降低网络改造升级的成本，同时大大缩短建设周期。

（7）骨干网络出现飞跃式的发展，网络承载能力日新月异。为了迎接 5G 的到来，传输网在 2018 年以后将有一个大扩容，2017 年到 2020 年，数通网络加传输网的建设投资占比平均将达到 40%。

二、我国新一代信息基础设施建设布局及投资机会分析

1. 总带宽

为了面向 DC（Data Center，即数据中心）互联并建立骨干网络新平面，中国电信建立了 ChinaNet 新平面，新建了大量的省际直联链路，用以支撑数据中心之间的互联。中国联通新增了大量 100G 骨干中继，总带宽达到了 68.5T，增幅超过 78%；中国移动也开启了骨干网容量扩容工程。

新增直联点开启了“十三五”时期网间架构持续优化序幕。在新增直联点方面，在原有的 10 个骨干直联点基础上，新增的杭州、贵阳、福州 3 个骨干直联点已经获批。

在 2016 年—2018 年这三年间，骨干网、城域网、接入网（骨干网投资 495 亿元、城域网投资 1 271 亿元、固定接入网投资 1 884 亿元，以上三者投入共计 3 650 亿元）以及应用基础设施（IDC、CDN 等投资 1 200 多亿元）的投资总规模为 4 800 多亿元，平均每年投资 1 600 多亿元。

按照三大运营商 2015 年的年报指引看，三大运营商 2016 年在传输（骨干 + 传输 + 接入）及数通领域的投资为 1 400 多亿元，另外，互联网厂商在数据中心等数通领域的投资为 200 多亿元，2016 年传输 + 数通的投资规模

为 1 600 多亿元。按照行动方案指引，在 2017—2018 年，每年仍然需要投资 1 600 多亿元。由此可以判断，光通信行业（光设备、光器件）在未来仍会持续保持景气的势头，尤其是 10G PON、100G OTN，在未来将会是接入网和城域网升级的重点。各项目资本开支比例如图 5-11 所示。

资料来源：工业和信息化部《通信业“十二五”发展规划》。

图 5-11　各项目资本开支比例

中国广播电视网络有限公司实施的双向网改造以及海缆、陆缆的建设给光纤和光缆的增量带来了机会。到 2018 年，将新增干线光缆 9 万公里，新增光纤到户端口 2 亿个，城镇地区实现光网覆盖，提供 1 000 兆比特每秒以上的接入服务能力，为大中城市家庭宽带用户提供 100 兆比特每秒以上的灵活选择，行政村通光纤的比例由 75% 提升到 90%。

双向网改造将会显著提升普通光纤光缆的需求。从国内存量的光缆结构看，传输网及接入网的存量也是能够有效拉动光纤光缆需求的最主要因素。

未来，随着中国广播电视网络有限公司双向网改造的持续加速以及 FTTH 端口数的扩大，光纤光缆的需求景气度仍可持续。

在国际通信方面，我国采取的一系列措施有望使出入口带宽大幅增加，海缆建设模式有所突破。其中包括加强“一带一路”重点方向的互联互通，发起新的国际海缆建设，完善面向周边国家的跨境陆地光缆，积极参与沿线重要国家、节点城市的网络建设。

行业五年规划制定了“十三五”期末国际互联网出入口带宽达到 20Tbit/s 的目标。2016 年国际互联网出入口总带宽达到 2.5Tbit/s，增幅达到 400Gbit/s 左右；到 2018 年，我国国际陆海缆通达方向和带宽容量大幅增加；“十三五”期间，海外 POP 点[①]新增 40 个，总数达到 120 个（2016 年海外 POP 节点为 84 个，其中，电信 58 个、联通 21 个、移动 5 个），2016 年新增 POP 节点 8 个，成长空间巨大。

完善海外 POP 节点全球布局，提高国际网络辐射能力，涉及基础设施投资资金 256 亿元。我们需要重点关注具备长距离、高带宽、低损耗光棒、光纤光缆的自主制造企业。

家庭宽带接入终端智能化提升，我们需要重点关注 IPTV 机顶盒及播控平台行业。IPTV 业务成为“众矢之的”，机顶盒行业将会收益明显。中国电信与中国联通联合发布的《4K 智能机顶盒白皮书》明确了 4K 视频的发展标准，即采用 P60 高帧率、HDR、10bit 像素采样、BT2020 广色域、环绕声音频解码等，全面提升对外连接的适配和服务能力，全面支持 IPTV 直播、回看、点播等业务。这份白皮书的发布，实际上也意味着中国电信与中国联通在推

① 在计算机网络中，POP 表示入网点。对于互联网服务提供商来说，POP 是一个将互联网从一个地方接到其他地方的入网点。

动 4K 智能机顶盒标准的统一，以及推进三网融合方面站在了一条战线上。

中国移动和中国电信已经完成了 2016 年互联网电视机顶盒集采。中国移动此次集采的规模约为 1 069 万台，采购预估金额为 21.5 亿元，共有 8 家企业中标。中国电信此次招标为该公司 2016 年针对 IPTV 智能机顶盒的首次集中采购，采购数量为 1 112.53 万台。中国联通集团层面还没有进行大规模的统一集采，但随着电信、移动的两个千万元级大单先后启动，中国联通的集团 IPTV 终端集采也在筹备中，而且数量不会低于千万。

IPTV 用户持续保持每月 300 万以上的净增长，另外，随着各省广电双向网络的持续改造，4K 高清机顶盒成为了家庭用户的“标配”，未来几年，4K 高清 IPTV 机顶盒出货量将会迎来翻倍增长，相关上市公司也会因此受益，如创维数字、中兴、烽火通信、银河电子、同洲电子、金亚科技等。IPTV 用户数的变化趋势如图 5-12 所示。

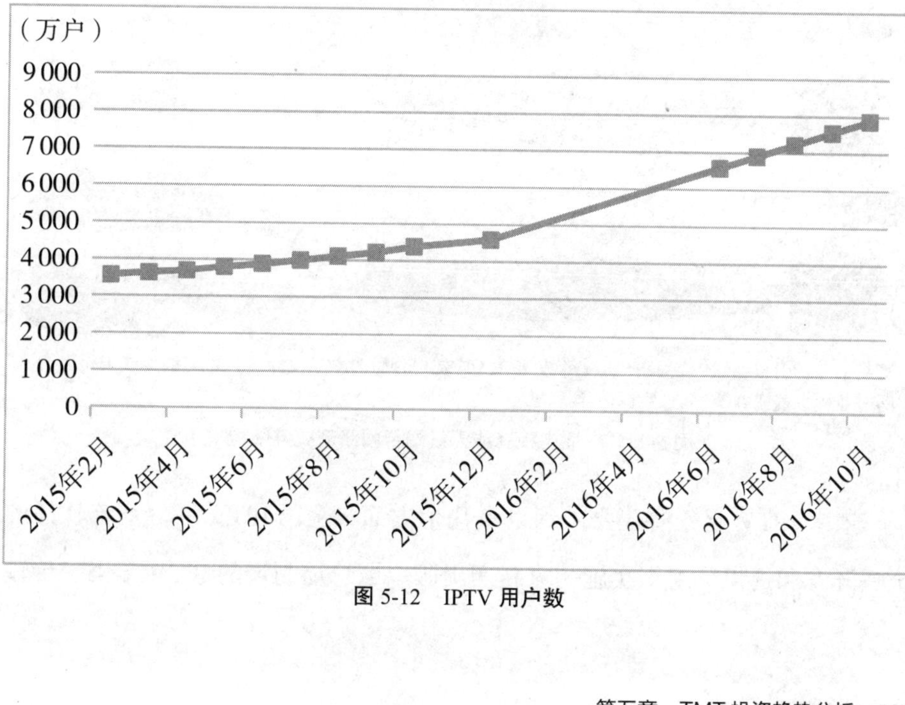

图 5-12 IPTV 用户数

2016年3月，国家新闻出版广电总局发布了“关于当前阶段IPTV集成播控平台建设管理有关问题的通知”。“通知”规定，在未建成符合总局文件要求的IPTV集成播控分平台、没有与央视IPTV集成播控总平台按规范对接之前，各省不能擅自提供节目信号。在IPTV集成播控总平台和分平台、全国性IPTV内容服务平台和省级内容服务平台、IPTV传输服务企业均应取得总局颁发的具有相应许可项目的《信息网络传播视听节目许可证》之后，方可正式开展业务。广播电视有线无线融合网络产业链结构如图5-13所示。

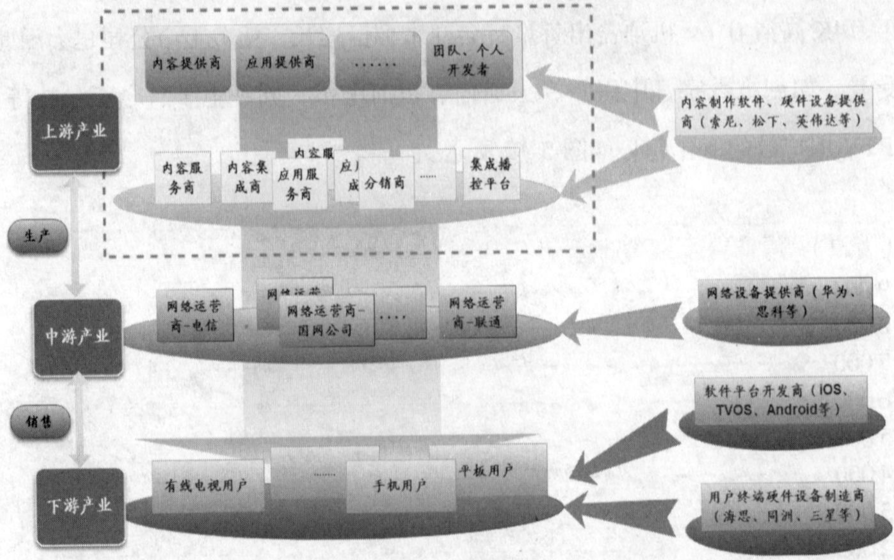

资料来源：引自邹峰、王丰于2014年发表在《广播电视信息》的文章《广电有线无线卫星融合网产业化发展研究》。

图5-13　广播电视有线无线融合网络产业链结构

未来IPTV业务播控要做到以下几个方面：全国IPTV平台系统软件的统一开发和提供；组织实施国家新闻出版广电总局制定的IPTV编码、传输及技术接口标准；全国IPTV EPG的统一设计和管理；全国IPTV BOSS系统、用户管理系统、计费系统和版权管理系统的统一管理；全国IPTV经营性数据的统计、管理；全国性增值服务项目的规划设计、开发运营。总平台负责将全国性内容服务平台的节目信号集成后统一传送至各分平台。

2. 蜂窝网络

对于低频重耕 + 网络扩容，我们需要重点关注4G设备需求提升带来的市场格局变化。中国联通频率重耕、中国移动FDD牌照是未来主要看点，无线资本开支预计稳中有降，5G前期无线投资开支向国内主设备集中。

“十三五”期间，无线蜂窝网络将持续加强城镇地区移动宽带网络深度覆盖，要做好重要场景和热点地区4G演进技术部署，提升用户高速移动数据服务体验；继续扩大农村地区4G网络覆盖广度，完善重点行政村、景区以及铁路沿线的4G网络覆盖；促进频谱资源高效利用，积极构建低频LTE（长期演进）网络，全面推进5G研发；深入推进共建共享，加强移动通信基站站址资源的储备和供给；深入普及高速无线宽带应用。到2018年，新增4G基站200万个，实现乡镇及人口密集的行政村4G网络全面深度覆盖，移动宽带用户普及率超过75%。中国联通频率重耕、中国移动FDD牌照未来可能照进现实。

我们判断，在未来几年，无线资本开支将会稳中有降，而随着4G网络的不断升级，4G无线网络开支仍会保持5%~8%的增速。另外，未来随着国内2G基站的退网，资本开支逐渐转移到4G网络投资，爱立信、诺西等2G时代强势的国外厂商，在国内市场的份额将会逐渐降低。加之基站天线逐渐向小型化、有源化（天线和RRU一体化）演进，国内厂商华为、中兴等系统厂商将会在产品升级中获取较大的时长份额。图5-14展示了全球无线蜂窝网络资本开支情况。

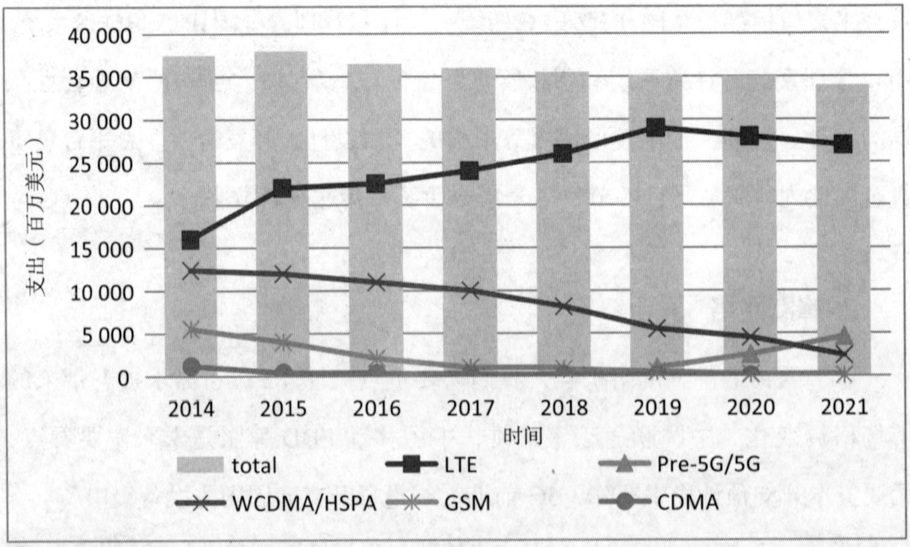

资料来源：Ovum。

图 5-14　全球无线蜂窝网络资本开支情况

5G 尚待时日，4.5G 继续增强并横向拓展应用场景，在投资中我们需要重点关注底层核心器件国产替代逻辑。

从中国移动的 5G 规划情况看，到 2020 年 5G 只在低频段实现全网万站规模化商用，基本上只能满足重点城市的主要热点区域容量要求。高频段 5G 网络由于受核心器件国产化率的限制，规模化商用尚待时日，4G 过渡到 5G 还需要较长的时间窗口期，但是原有 4G 网络已不能满足高带宽、大容量、低时延等应用需求，另外，考虑到最大化保护前期无线网络资本开支投资，2016—2020 年，5G 的部分技术将提前应用、4G 技术持续演进，4.5G 增强网络联接能力的过渡技术将应运而生。中国移动的 5G 时间表如表 5.8 所示。

新一代信息基础设施给设备行业带来的三大产业趋势：市场集中化、业务布局全面化、产业链垂直一体化。

表 5.8　中国移动 5G 时间表

（1）市场集中化趋势明显。由于高技术、专利、客户门槛等的限制，全球前 5 大通信设备厂商往往占据 80% 以上的市场份额。中国信息化建设快速加强，中国厂商凭借技术、成本和服务优势，不断蚕食着国外厂商的市场份额。2015 年，在运营商设备领域，华为、中兴等中国厂商市场份额分别为 35% 和 9%，较 2014 年上升 3 个百分点和 2 个百分点。设备商市场竞争此消彼长，并向“东”靠拢。全球前 5 大设备商市场份额变化情况如图 5-15 所示。

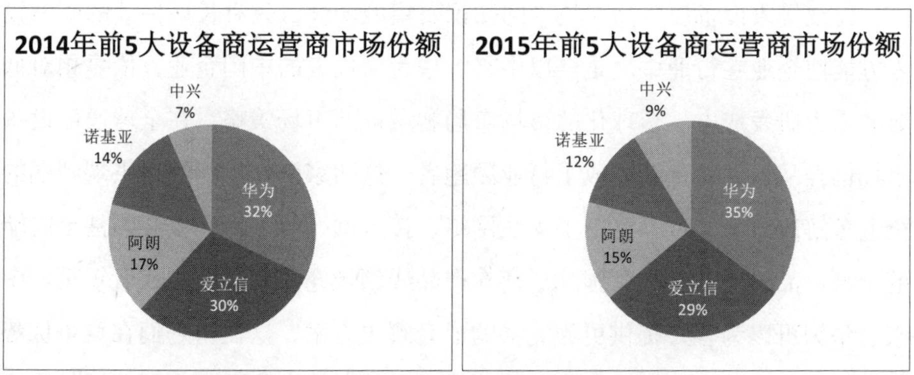

图 5-15　全球前 5 大设备商市场份额变化情况

（2）业务布局全面化，中国“全业务”厂商优势明显。客户重叠、竞争加剧，单一业务很难满足企业长期发展需求，通信设备行业面向全业务转型成为趋势，开始布局无线到有线、数通设备再到终端等所有信息设备领域。中国设备商华为、中兴通过布局无线接入网、光网络、企业级网络甚至手机终端，从而不断挤压国际厂商的市场份额，国际大厂通过“强强”联合抱团取暖。诺基亚（无线接入网设备）与阿尔卡特-朗讯（光通信等有线网络设备）合并、爱立信（无线接入网设备）与思科（高端路由等 IT 设备）“绯闻不断”，国际主流设备商通过合并的方式布局自身产业弱势环节。

（3）产业链垂直一体化，国产芯片替代逻辑进入实质性阶段。通信设备产品的性价比是产品的最大竞争优势，产品涨价的预期基本不存在，因此，利润主要来自于新产品发布以及自身成本的下降。底层芯片及集成电路制约着通信设备行业新产品的发布速度以及成本，通信设备厂商正努力布局集成电路，追求垂直一体化能力。

3. 无线接入网设备

（1）垂直一体化竞争格局确定

无线接入设备属于高端技术的知识密集型产业，只有长期持续的研发投入方能使企业在行业中立足。以中兴、华为为代表的中国企业，依靠相对低廉的人力研发成本、全球化的市场布局和激进的市场策略，在全球通信设备市场已经从追赶者逐渐变成了行业领跑者。这两家公司均能够提供端到端的全业务解决方案，产品囊括了无线网络、接入网、传输网、核心网甚至终端的全部产品，而其他几家国际厂商在产品线领域还存在着断层或者短板。中兴、华为可以为客户提供更为完善的成套解决方案，这使得它们在竞争优势上更加突出。与此同时，大唐电信、烽火科技、上海贝尔、中国普天等国内通信设备制造企业，通过若干年的技术和人才储备以及市场开拓经验的积累，在4G加快建设的背景下，也加强了国际市场的开拓。

从六大RAN（无线接入网）设备厂商的市场份额（如图5-16所示）来看，三大厂商占据了2015年82%的收入。这使得其他三家RAN设备厂商的市场空间所剩无几，特别是如果RAN的收入预期无法增长的话，这种现象将更为明显。鉴于此，Ovum将RAN设备厂商分成了三类——领导者、挑战者和小众厂商。

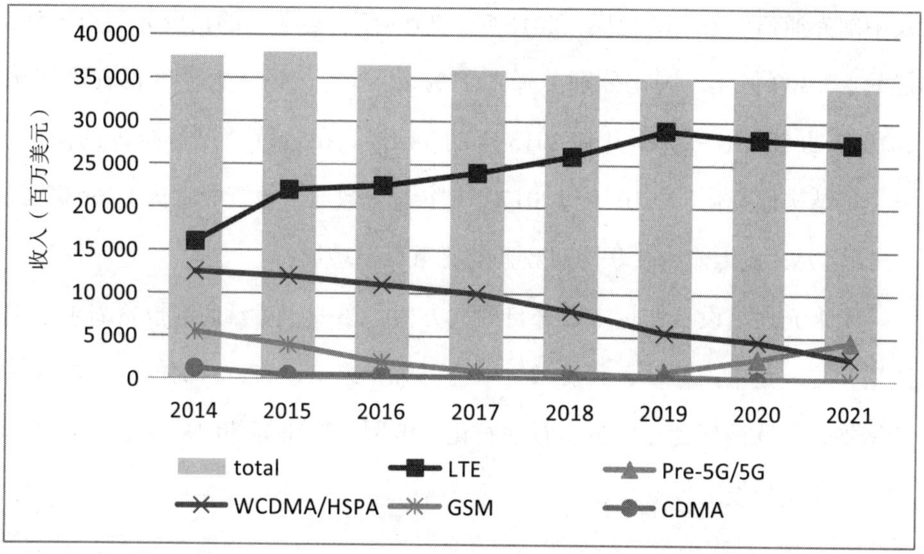

资料来源：Ovum。

图5-16　六大RAN设备厂商的市场份额

（2）电信运营商投资主导

首先，移动通信无线网络设备受运营商投资支出的影响较大。从移动基站产量增速激增的时间点来看，2001年、2009年、2014年正是运营商投资建设2G—2.5G—3G—4G的时间点，也可以看出移动数据需求成为趋势。其次，在 5G 前时代即 2016 年—2020 年，我们判断无线设备商的增长点主要来自于四个方面：①老旧设备正常替换；②三大运营商频谱重耕；③中国移动 FDD 网络建设；④ NB-IoT 网络建设。最后，2020 年以后 5G 会商用，无线基站设备需求量较大，投资规模也会远远大于以往。

4. 光通信设备

根据三大运营商的传输网络投资情况、全社会信息基础设施投资情况以及中国光通信设备市场规模，2016 年、2017 年，运营商的投资分别为 3 582 亿元、3 300 亿元，同比分别下降了 21% 和 8%。传输 + 数通的投资比例从 2010 年的 28.4% 一直提升到 2015 年的 38.1%。在运营商投资减少的同时，发生了结构性变化，2016年和2017年，“传输+数通”投资分别为1 469亿元、1 221 亿元，光传输、互联网及数据的比重日益增加。

未来光通信设备增量主要来自两大方面：第一，运营商的投资需求短期激增，尤其是中国移动，其需求量增速可观；第二，非运营商的投资需求持续增加，互联网厂商、广电、石油石化、电网、铁路等部门持续加大对其基础信息系统建设的投资。

（1）光通信产业链及相关公司

光通信产业链（如图 5-17 所示）包括光通信芯片、光模块、光器件以及光纤光缆等，光通信的下游有电信运营商以及数据中心建设相关需求者。

光通信设备未来的集中度会越来越高，国内将形成华为、中兴、烽火通信三足鼎立的格局，其他国际厂商的生存空间将会被持续挤压。光通信产业链各环节及主要厂商如表 5.9 所示。

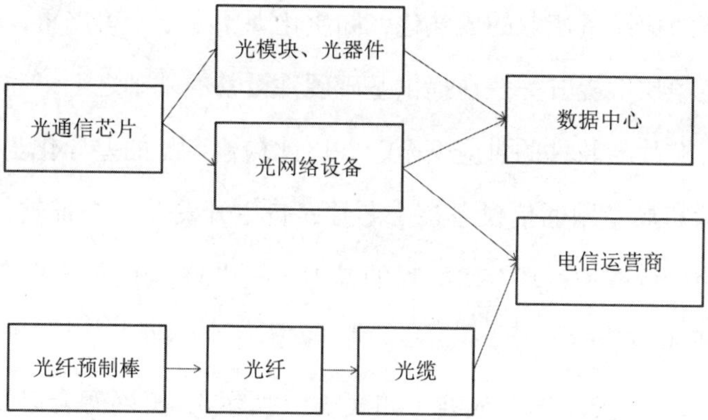

图 5-17　光通信产业链

表 5.9　光通信产业链各环节及主要厂商

产业链环节	主要厂商
光传输与接入（光设备）	华为、中兴、烽火通信、瑞斯康达、南京普天、讯风、华环、高科、格林威尔、国脉科技
光器件及光模块	光讯科技、武汉电信器件、华工正源、深圳昂纳、日海通讯、高意科技、无锡中兴、四川光恒、深圳恒宝通、博创科技
光纤光缆	亨通光电、通鼎互联、烽火通信、中天科技、特发信息、汇源通信、中利科技、永鼎股份
配套设备	新海宜、日海通讯

（2）光设备：一体化解决方案成为产业竞争关键产品

目前，对于光设备的发展来说，运营商投资是主要影响因子，信息化及流量时代向数通转型成为一致路径。流量及信息化需求不断提升，主流设备商（华为、中兴、烽火通信）纷纷转型数通业务（政企市场、IDC、私有云市场等），数据业务产品的增长速度远远高于传统运营商市场并有效“樊平”运营商投资周期波动。

随着通信设备产业的成熟化，同质化现象逐渐变得严重，这使得设备商之间的竞争层次提升——在提供基础硬件设备的基础之上，通过一体化策略保障核心芯片与软件的供应安全，并以此构建产品的差异化竞争优势。主要手段包括布局专用通信设备核心芯片，自主开发关键系统软件，通过收购、并购掌控产业链关键环节等，目的是为了提供整体解决方案，提升对用户的整体吸引力。

当前，“宽带中国”战略（如表5.10所示）、三网融合以及“一带一路”等政策及倡议不断加码刺激，光通信行业投资呈现高度景气的状态。全社会信息技术设施的投资不减，传输+数据等光通信领域未来几年仍能保持10%左右的复合增长率。

除三大运营商外，以阿里、腾讯为代表的互联网巨头为推进云服务战略，投资建设了大规模数据中心，对40/100G光模块的需求激增。未来几年，光器件厂商的业绩弹性将超过光通信设备厂商。

表5.10　“宽带中国”发展目标与发展时间表

时间	2013年	2015年	2020年
固定宽带接入用户/3G、LTE用户（亿户）	2.1/3.3	2.7/4.5	4.0/12
固定宽带家庭普及率/3G、LTE用户普及率	40%/25%	50%/32.5%	70%/85%
城市宽带/农村宽带接入能力（Mbit/s）	20/4	20/4	50/12
网民数量（亿人）	7.0	8.5	11.0

（3）光器件：自主芯片是主要竞争力

光器件市场持续发展，电信产品将会迎来大量的机会，数据中心的

100G Optics 部署建设是逐渐增加的，其引导了 2016 年光器件市场的增长。亚马逊、谷歌和微软这几家公司的生产情况表明，2016 年上半段，100G QSFP28 光学设备的生产快速上涨，在全年获得了较大的增长。

低端产品（2.5G/10G，国内产业链完整）进入竞争状态，中端产品（25G 芯片，光迅科技预计 2016 年底实现量产供货）已经在部署，高端产品仍存在着难关（100G 芯片，2017 年光迅科技供货），未来随着国产芯片的自主化，光器件厂商，尤其是具备自研芯片能力的厂商将具备明显的成本优势。我们认为，光器件厂商尤其是龙头厂商未来具备良好的业绩弹性。

（4）光纤光缆：需求周期性显著，供需决定价格

光纤光缆行业的需求具有明显的周期特点，而且高速增长（如图 5-18 所示）的需求不具备可持续性。2015—2016 年，拉动光纤光缆需求快速增长的主要因素是无线网络带到传输网络、FTTx 建设，2015—2016 年每年新增的 4G 基站数超过 100 万个，以及 2013 年年底中国移动获得固网宽带运营牌照和 TD-LTE 牌照。2014 年中国移动的主要投资方向还是无线网络，2015—2016 年中国移动大举进军 FTTH 市场，其网络端口规模迅速扩张，由于接入网规模远大于传输网络，导致中国移动对于光纤光缆的需求急剧上升。

国内光棒的产能决定价格：2010—2014 年是产能过剩的周期，导致产能过剩的主要原因是 2011 年反倾销制裁结束，国外光棒产能输入，导致价格一路下滑。2015 年的涨价逻辑也是光棒反倾销导致光纤产能不足。

未来随着国内大的主流厂商的光棒产能陆续释放，光纤光缆将再次面临供大于求的风险。

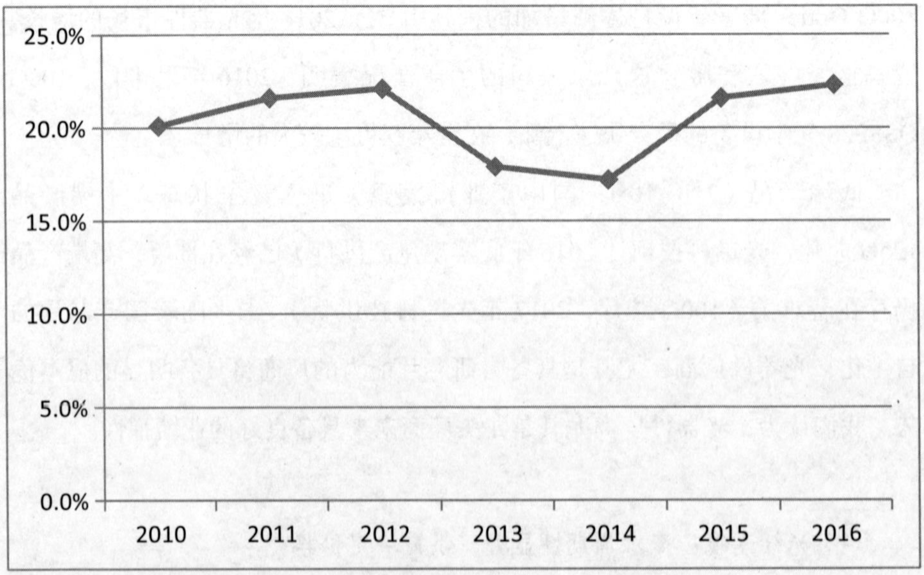

资料来源：工业和信息化部《2016 年通信运营业统计公报》。

图 5-18　中国光缆线路长度：同比增长

第二节　电信运营：流量红利仍能维持 3~4 年，大连接趋势下管道生态翻转

一、电信运营行业的影响因素：用户数及消费能力

通常在分析经济增长对电信业的影响时，一般从居民和企业两大市场（如图 5-19 所示）分别考察，我们可以看出，主要是“用户规模增长”和“通信消费升级”两个因素驱动了电信业的增长。

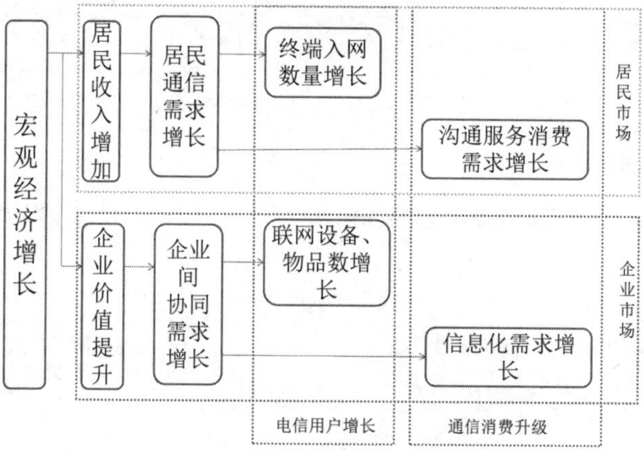

图 5-19　宏观经济增长因素

1. 收入端：电信消费支出稳定增长，传统业务降幅收窄，电信运营商进入流量红利换挡期

中国信息通信消费支出的稳定增长，为通信行业的发展提供了持续增长的动力。2016 年，通信行业的收入、人均电信消费支出分别为 11 893 亿元、860.1 元 / 人 / 年，持续突破历史最高水平，电信业务收入增长实现 V 型反转。

我国居民的支出呈持续稳定增长态势，这为信息通信行业的发展提供了增长动力。2016 年，我国居民人均消费性支出达到了 2 334 美元，交通及通信支出占比 13.66%，交通及通信支出的占比在持续稳定的提升。

对比美、日、韩等国家，我国居民在信息通信方面的支出稳定增长，占比也不断提升，这充分地证明了我国通信市场仍有较大发展空间。中国、美国、韩国、日本的通信支出情况分别如图 5-20、图 5-21、图 5-22、图 5-23 所示。

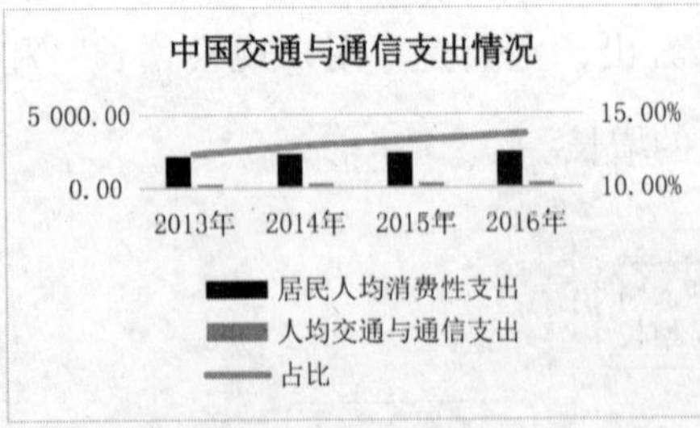

资料来源：国家统计局。

图 5-20　中国人均交通及通信支出

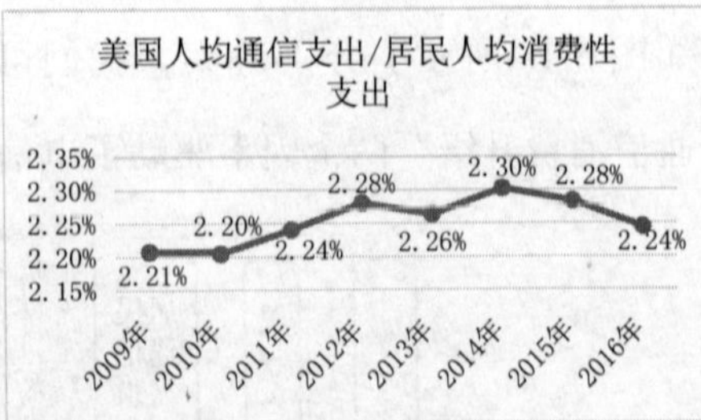

资料来源：Bloombger。

图 5-21　美国人均通信支出占比

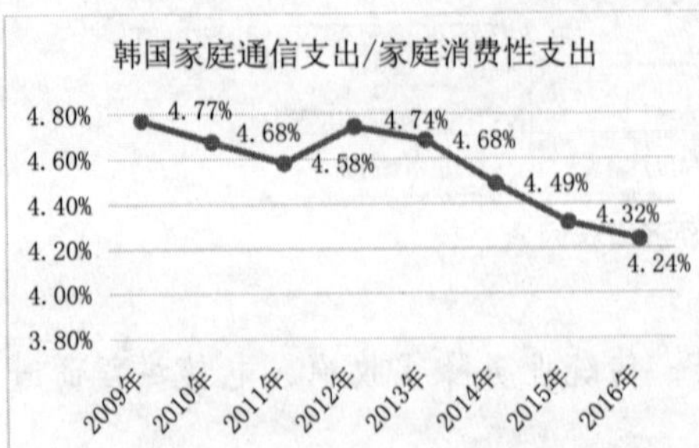

资料来源：Bloombger。

图 5-22　韩国家庭通信支出占比

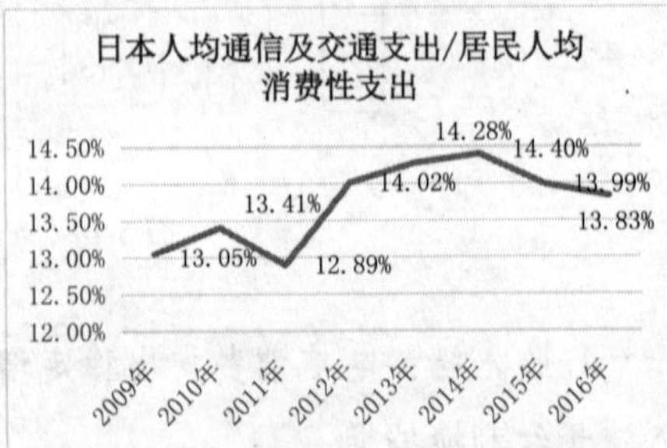

资料来源：Bloombger。

图 5-23　日本人均通信支出占比

（1）传统业务下滑持续收窄，OTT 业务[①] 的影响减弱

传统通信业务量指标的降幅收窄，负向拉动的作用减少。截至 2017 年 6

① OTT 是“Over The Top”的缩写，是指通过互联网向用户提供各种应用服务。这种应用和目前运营商所提供的通信业务不同，它仅利用运营商的网络，而服务由运营商之外的第三方提供。

月，全国移动电话去话通话时长 28 499.9 亿分钟，同比下降 4.7%，较 1—5 月收窄 0.1 个百分点，语音业务下滑失速的风险减弱。

2017 年 1—6 月，全国移动短信业务完成量为 3 233.7 亿条，同比下降 1.8%。移动短信业务收入的完成量为 184.3 亿元，同比下降 5%，业务量级、业务收入的降幅持续收窄。具体分别如图 5-24、图 5-25 所示。

以短信业务为例，新的业务需求点快速增长，持续降低了收入下滑的影响。从短信类业务下降的具体构成来看，主要原因是用户主动发起的点对点的量大幅下降。而随着电信运营商短信通道资源的稀缺性增强，加上电话实名制和网络安全问题的突出，各类验证类、提醒类等短信的需求量不断增长，有效弥补了用户主动发起量下降的影响。

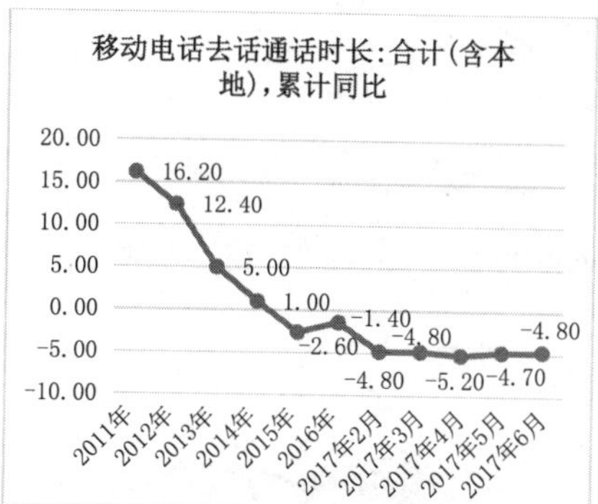

图 5-24　移动电话通话时长降幅收窄

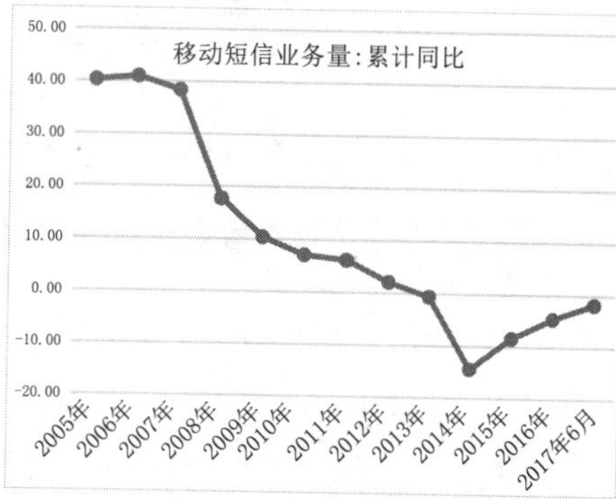

图 5-25　移动短信业务量降幅收窄

通过长期跟踪通话时长和短信发送量数据，我们判断电信运营商传统业务受 OTT 冲击的不利影响在减弱，而且有望触底。

视频业务持续拉动流量业务增长，流量需求仍富有弹性，中国电信运营商移动用户 ARPU（每用户平均收入）反转上升。

数据流量拉动移动收入快速增长：2016 年我国电信业移动收入占比超过

60%，移动数据对电信增长的贡献率为187.7%，拉动收入增长9.8个百分点，成为电信业务收入的核心因素。数据收入占比已达到30%的拐点，开启数据流量红利模式：从美国和日本电信行业收入增长来看，在数据流量业务方面，超高速的复合增长以及在总收入中占比30%成为了行业转折的关键性拐点（具体如图5-26、图5-27、图5-28所示）。2016年随着4G用户的快速渗透，中国运营商移动数据流量加速增长，移动数据流量收入占比超过30%，到达行业转折的关键性拐点。

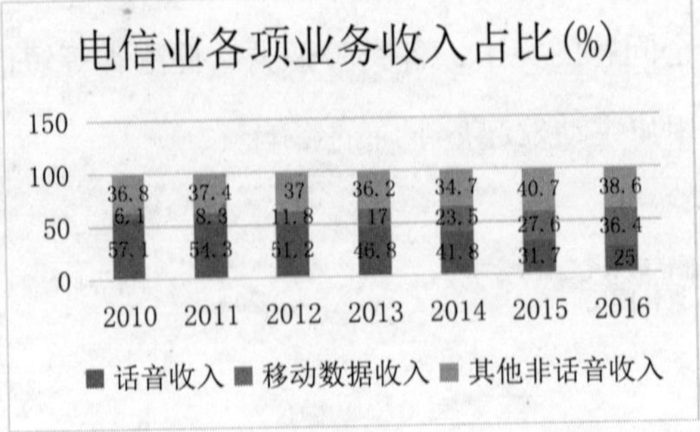

图5-26　移动数据收入占比超过30%

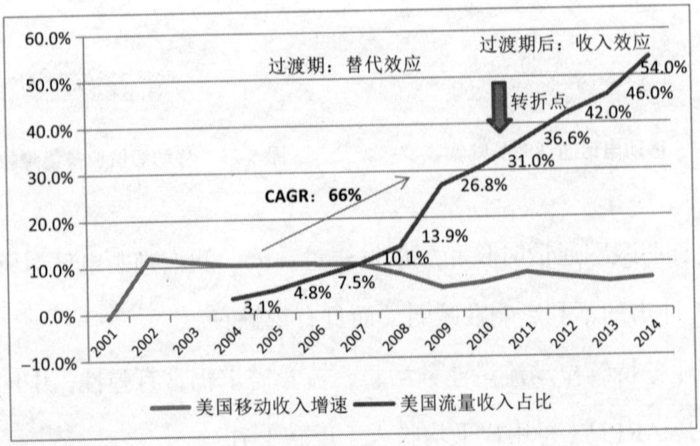

资料来源：Gartner。

图5-27　美国流量收入占比

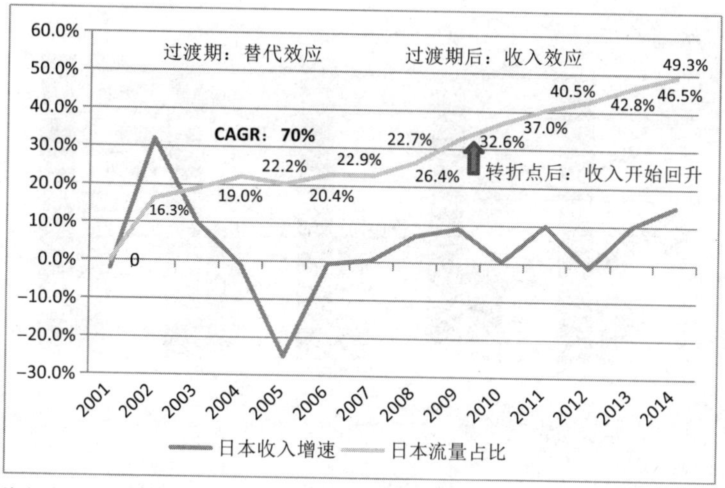

资料来源：Gartner。

图 5-28 日本流量收入占比

（2）数据流量增速未见增长“天花板”，价格仍具有弹性

移动互联网流量连续三年同比增速超过 100%，2016 年月户均移动互联网接入流量突破 1G。在提速降费的政策指引下，移动流量单位资费水平稳步下降，2016 年下降了 68.9%，价格下降幅度低于流量增长幅度，移动数据流量仍富有需求弹性。

在 5G 来临之前，视频流量是电信运营商流量增长的重要来源，中国数据流量增长将会赶超发达国家。从全球范围来看，2015 年，视频流量在所有数据流量中占 54%，到 2020 年将占到四分之三，平均年增长率将达到 63%。亚太地区的视频流量增长速度高于全球平均水平，到 2020 年视频相关数据的增速将为 65%。

与世界其他地区情况相似，在中国，视频流量已占到所有移动数据流量的一半以上。而且，今后几年的增速将超过全球平均水平。在视频驱动下，预计到 2020 年底，中国的移动数据规模将赶上美国与韩国，如图 5-29 所示。

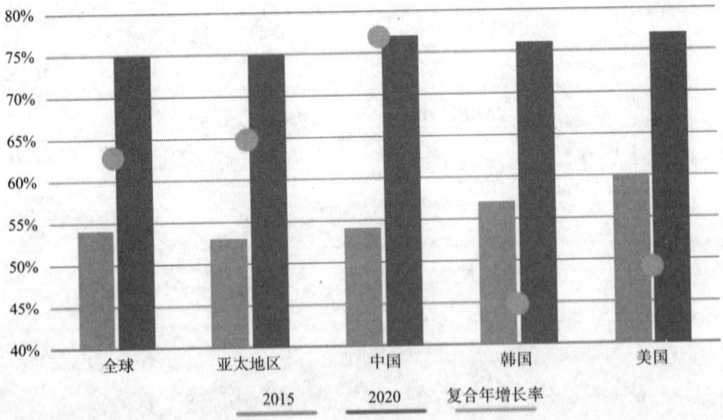

资料来源：GSMA。

图 5-29　到 2020 年我国视频流量增长将高于全球增长

对比发达国家的电信运营商可以发现，我国运营商数据流量红利的持续期刚起步。从海外运营商数据流量的发展情况看，数据流量红利从 3G 时代末期已经开始，日本和美国的流量收入分别在 2007 年和 2009 年达到整体收入的 30% 以上，并进入流量红利拐点期，其数据流量的爆发要远远早于中国市场。

根据图 5-30，以 2000 年为基年，2000 年到 2013 年电信业务总量与电信业务收入趋势相对一致。从 2000 年到 2007 年，不管是电信业务总量还是电信业务收入都处于一个快速上升的大发展时期，电信业务总量的平均增长率为 29%，电信业务收入的平均增长率为 14%；从 2008 年到 2013 年，电信业务总量和电信业务收入进入一个低速发展期，平均增速分别为 14% 和 8%。

进入移动互联网时代，OTT 业务替代效应加速显现，从 2014 年开始，电信业务总量的增长和电信业务收入的增长进入了一个大背离期。从 2014 年到 2016 年，电信业务总量重新达到 35% 以上的增速，而电信业务收入进一步下降，在 2015 年甚至出现负增长，直到 2016 年重新进入到上升轨道。

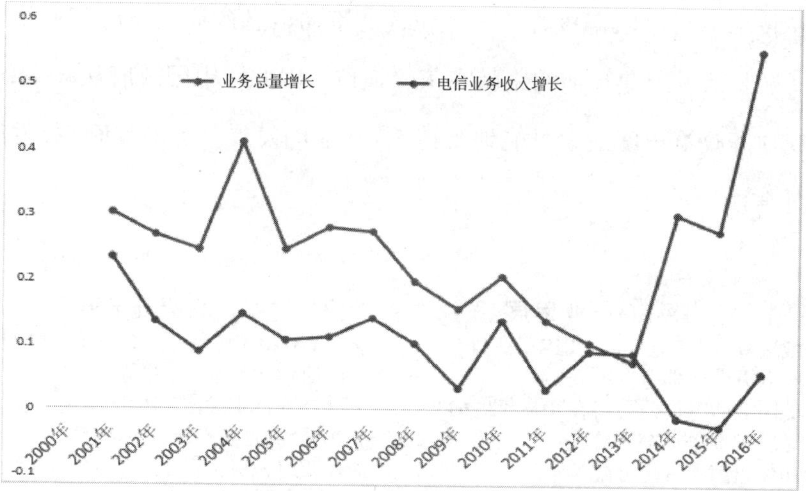

图 5-30 电信业务总量与电信业务收入趋势对比

原因在于，中国在 2G、3G、4G 的发展过程中，由于受到用户增长、业务结构、资费竞争和政府调控等要素的影响，3G 阶段并没有得到很好的发展，到了 2014 年 4G 发力后，在包括视频等流量的冲击下，电信业务总量有了一个飞速发展，但是由于提速降费等因素的作用，2014 年的电信业务收入反而达到谷底。

根据发达国家电信市场的发展经验及数据，我们判断中国数据流量的红利滞后于发达国家，中国电信运营商数据流量红利仍会持续 3~4 年。

2. 成本端：5G 资本开支将会是渐进式的，电信运营商投资收入比进入下滑通道，利润改善开始显现

（1）由于政府、设备厂商、运营商的三方博弈，5G 投资很可能会渐进式落地

政府、设备商积极推动，5G 标准及牌照进度将会按照预期时间落地。

政府对于 5G 产业的支持动力来自于多个方面：①政府希望新一代信息

产业在技术革新上取得核心竞争地位；②带动信息产业上下游产业快速发展；③摆脱信息产业长期的跟随和依赖地位。因此，中国政府从频率划分、产业规划等政策角度最大可能地支持 5G 产业的发展。各国政府 5G 发展规划如图 5-31 所示。

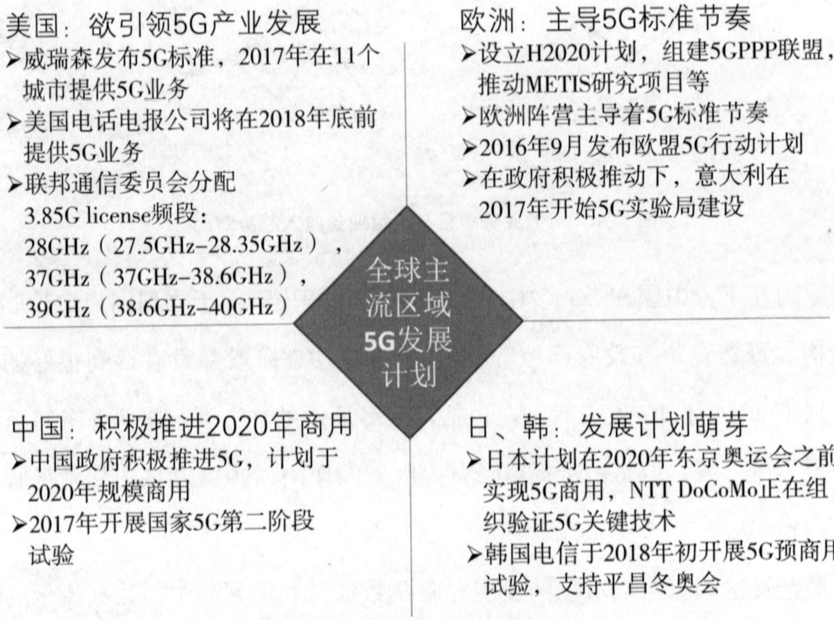

图 5-31　各国政府 5G 发展规划

设备商是渴求新增长点的技术推销者，因为通信设备商的收入高度依赖于运营商的资本支出，而运营商的资本支出又和技术更新迭代相关。在 4G 建设高潮逐渐落幕的背景下，设备商正在谋求新的技术以刺激运营商的资本支出，而由于 5G 在建网成本上的巨大支出以及对下游产业发展的有力推动，深受设备商的青睐。设备商已经成为 5G 产业发展的主要推手。

我们判断在政府及相关产业方的齐力推动下，5G 将会在规划的时间点——2020 年实现商用。

由于商业模式的不成熟和市场培育缓慢，导致了运营商 5G 投资周期更长更平缓。

在增强移动宽带场景下，主要应用的产品是 AR、VR 以及 4K 视频。AR 和 VR 目前都面临技术瓶颈，产品体验欠佳；而且，目前这些产品的标准也处于混乱不一的阶段，各种产品之间难以相互兼容；同时，它们也面临着下游内容匮乏的局面。这些问题导致 AR 和 VR 还需要 3~5 年才可能有所突破，具体如图 5-32 所示。

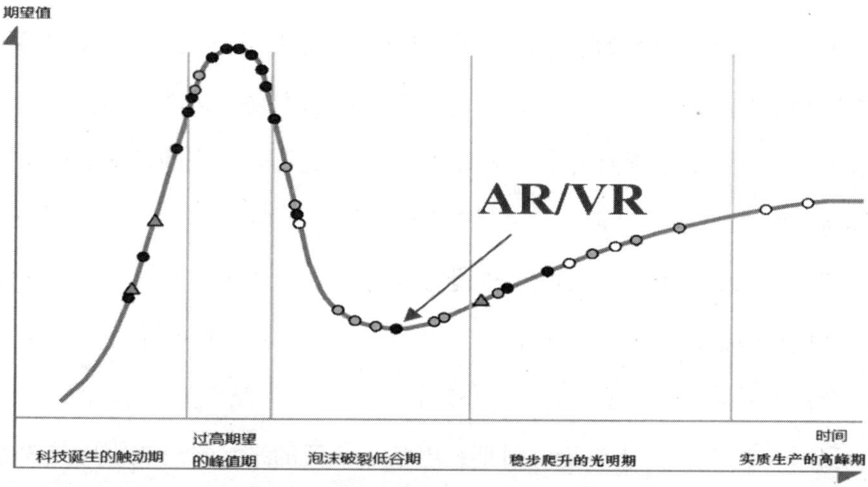

图 5-32　AR/VR 仍需 3~5 年进入成熟期

uRLLC（超高可靠低时延通信）最主要的应用领域就是车联网，无人驾驶是车联网应用最大的风口。但是目前车联网所使用的激光雷达成本仍然很高，高达 50 万元一台，核心部件成本过高仍然阻碍着车联网的发力。

低功耗广覆盖场景主要的应用领域是智慧城市、智能家居和工业物联网，属于5G技术可以最早进行商用的领域。而这一场景的主要特性是场景破碎化特征显著，每一个情境都有自己特定的需求，这就导致物联网的终端需求难以被迅速拉动，这一需求会呈现出逐步释放的状态。

我们判断，由于下游需求市场所面临的多种因素的限制，5G终端的需求将难以快速爆发，整体的需求会呈现出逐步增长的态势。这就要求运营商花费更多的时间进行终端市场的培育，相应地运营商在资本开支方面的投资也就呈现出更加平缓，周期更加漫长的状态。

（2）2020年前资本开支收入比持续下滑，运营商利润进入改善周期

各国电信运营商开始着手布局5G技术，电信运营商支出收入比下降，为5G网络储备资本。与全球发达国家相比，我国发放4G牌照晚了两年，在过去几年，我国运营商大力发展4G连续性覆盖，近年来的资本支出保持了较高水平。

随着4G无线网络连续性覆盖问题得到解决，未来网络投资的重点主要向网络优化转换，加上在未来几年全球电信运营商将实现5G商用，资本支出将会开始下降，运营成本端压力将变小。

我国“十一五”“十二五”时期，电信运营商的平均投资收入比是35%左右，远高于国外26%的水平。2015年，由于4G建设和中国移动固定网络的建设，电信运营商的投资收入比一度上升到40%，但是2016年迅速下降到了31%，我们判断“十三五”期间的电信运营商投资收入比将下降到29%左右，将极大地发挥网络红利，从而带来运营商利润的大发展。全球及中国运营商资本开支及收入情况分别如图5-33、图5-34所示。

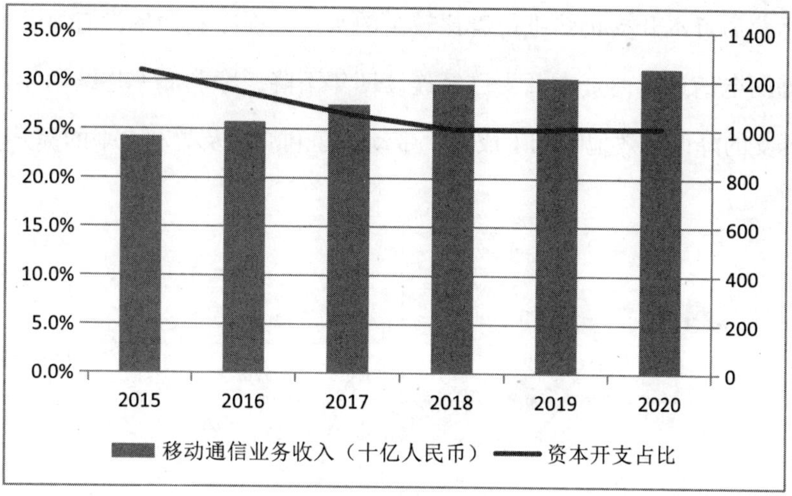

资料来源：Gartner。

图 5-33　全球运营商资本开支及收入情况

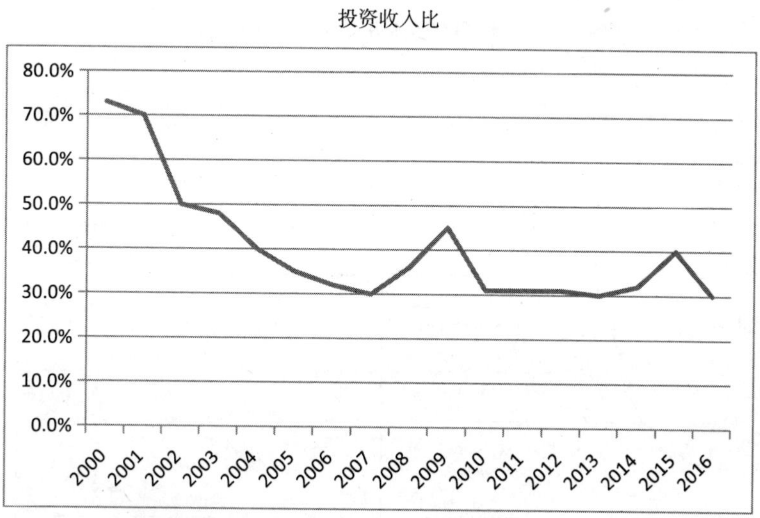

资料来源：运营商报告。

图 5-34　中国运营商资本开支及收入情况

从海外运营商的发展情况看（见图 5-35、图 5-36、图 5-37、图 5-38），美国运营商资本开支仍然维持着比较高的水平，而净利润率没有显著回升；但是韩国电信运营商资本开支已经连续四年下降，净利润率连续两年回升，资本开支的降低有效地降低了成本，带动了净利润率及盈利水平的提升。

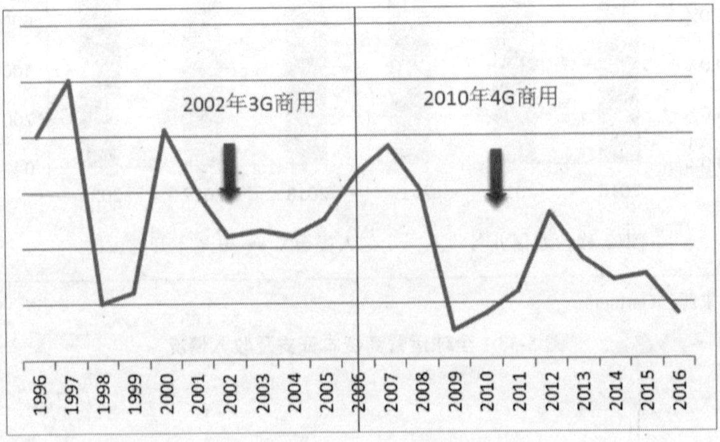

资料来源：Gartner。

图 5-35　韩国电信资本开支趋势（百万美元）

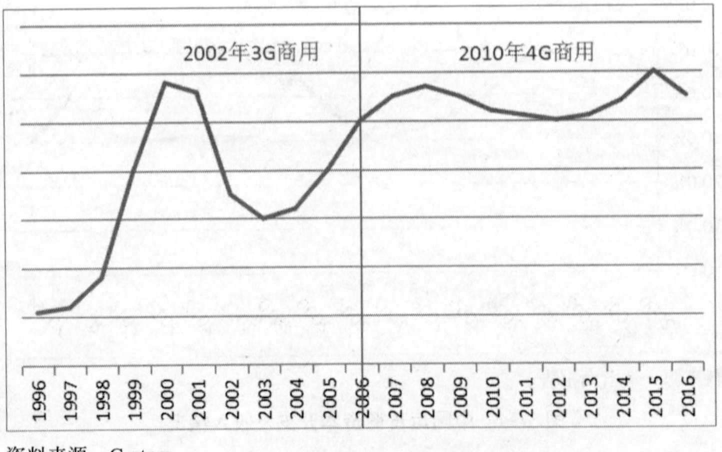

资料来源：Gartner。

图 5-36　威瑞森资本开支趋势（百万美元）

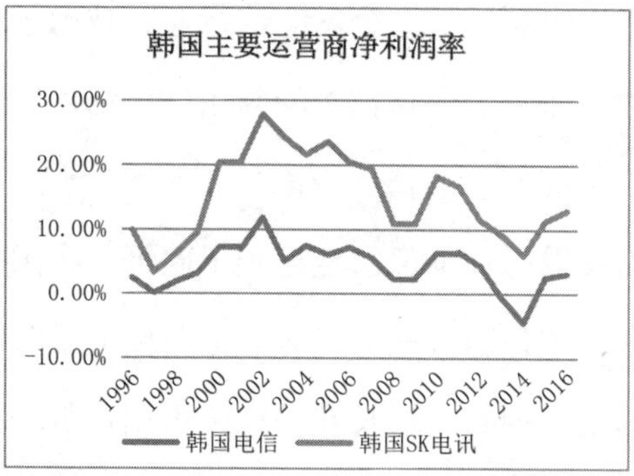

资料来源：Blombger。

图 5-37　韩国主要电信运营商净利润情况

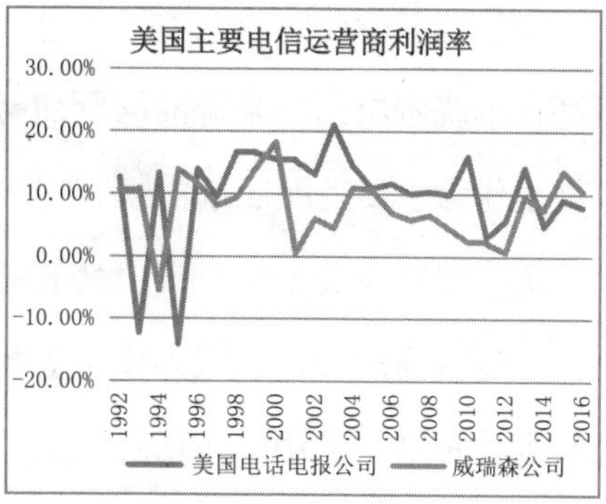

资料来源：Blombger。

图 5-38　美国电信运营商净利润情况

（3）长期趋势：连接数量是运营商的生命线，管道是运营商的核心竞争力，运营商布局物联网及网络能力开放平台，依托优势深挖万物互联生态护城河

长期来看，运营商的收入增长主要来自于连接数量的增长。电信运营商大体上经历了固定话音、移动话音、增值业务以及数据流量四个阶段（如图 5-39 所示），目前正处于万物互联时代的前夜。

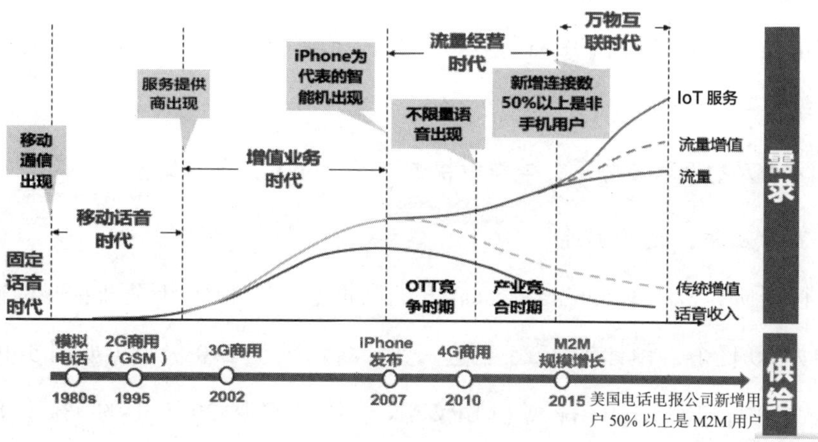

图 5-39　电信运营商的四个发展阶段

通信运营行业的收入增长严重依靠用户数增长，全球电信行业的技术创新都在围绕解决用户来源的问题而努力，而每一代新技术的商用，也都以用户规模作为主要发展衡量指标。

这一规律在美、中、日、韩的通信发展历程中都已经得到了验证。中国和美国运营商的经常性收入以服务收入为主，趋势最为显著。运营商的经常性收入增长基本和用户数增长一致，运营商的收入增长几乎完全由用户数增长驱动。当用户数接近人口之后，运营商的收入增长将会面临压力。

向物（things）要用户数，是解决增长的重要模式：从长期看，运营商的收入增长仍然来自于用户增长，NB-IoT 和 5G 技术将会承载运营商未来海量的用户，把物联网作为主要的应用市场，满足电信运营商对机器用户的连接需求。

中国移动把大连接作为新的战略，提出了连接更多的人、更多的服务、更多的物，德国电信、美国电话电报公司、沃达丰、威瑞森也都在积极地部署窄带物联网。全球移动供应商协会的预测是，包括威瑞森、美国电话电报公司、沃达丰、德国电信、Telstra、软银（Softbank）、韩国电信、LG Uplus、中国电信、中国联通和 Telia 等在内，2017 年底全球将部署 25 张 NB-IoT 商用网络。

（4）万物互联趋势下，连接数快速增长，管道具备稀缺性

万物互联，无物不连

根据研究机构 Machina Research 的数据显示，2015 年全球物联网连接数约为 60 亿个，预计到 2025 年这一数字将增长至 270 亿个（如图 5-40 所示）。其中，2G/3G/4G 蜂窝和 LPWAN 连接数将从 2015 年的 3% 上升至 2024 年的 17% 左右，到 2024 年 LPWAN 连接数将占全部物联网连接数的

11% 左右。自 2016 年起，LPWAN 连接数开始快速增长，预计在 2019 年将超过传统蜂窝连接，达到 14 亿连接的体量。华为在 2016 年全球连接指数报告中预测，到 2025 年物联网的设备数量或将达到 1 000 亿台，新增传感器部署速度或将达到每小时 200 万个，设备增速相当可观。

5G 万物互联时代是无物不连的时代，当内容泛滥成灾、越来越容易获得时，承载信息传递的管道价值就会凸显。

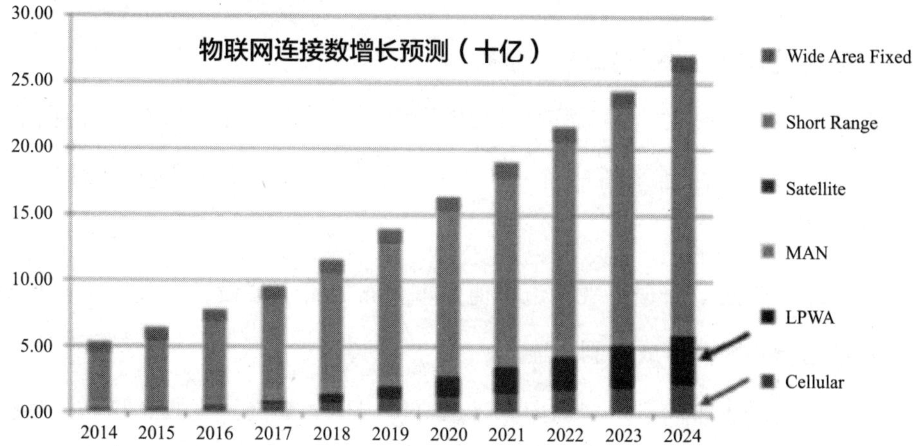

资料来源：Machina Research，2016。

图 5-40　物联网连接数增长预测

5G 具有连续广域覆盖、热点高容量、低功耗大连接、低时延高可靠性等特点。5G 通信能够提供覆盖更广泛的信号，而且上网的速度更快、流量密度更大，同时还将渗透到物联网中，实现智慧城市、环境监测、智能农业、工业自动化、医疗仪器、无人驾驶、家用电器和手持通信终端的深度融合。

5G 万物互联的主要场景如表 5.11 所示。

表 5.11　5G 万物互联主要场景

场景	关键挑战	典型应用场景	重点标准
连续广域覆盖	• 小区边缘或高度移动场景 100Mbit/s 用户体验速率	移动性和业务连续性为目标，提供无缝的高速业务体验	
热点高容量	• 用户体验速率：1Gbit/s • 峰值速率：数十 Gbit/s • 流量密度：数十 Tbit/s/km	局部热点区域用户数据体验，高清视频、AR 等	
低功耗大连接	• 连接数密度：10^6/km^2 • 超低功耗：超低成本	智慧城市、环境监测、智能农业、森林防火等以传感和数据采集为目标的应用场景	NB-IoT 等
低时延高可靠	• 空口时延：1ms • 端到端时延：ms 量级 • 可靠性：接近 100%	车联网、工业控制等	LTE-V 等

管道建设的机会与挑战

在万物互联时代，其下游对网络的需求越来越分散化，对网络带宽、时延等性能指标要求越来越严苛，作为管道提供者的运营商具有无可比拟的优势。

虽然互联网厂商很重视管道价值，重金布局管道建设，但是由于不具备重资产运营基因，造成失利连连。

互联网巨头布局管道：面向未来的 AR、VR、超高清视频、物联网等纷呈繁多的应用，互联网厂商深刻意识到管道将成为未来业务发展的瓶颈，因此纷纷加大了管道方面的投资及技术变革。

管道建设及维护“苦难重重”，而且没有成功案例：由于通信网络建设投资巨大，维护及管理门槛极高，对互联网公司而言，独自建设通信基础设施难度极大，目前还没有成功案例。

Google Fiber 投资过大，被迫中止扩张

Google Fiber 项目公布于 2010 年 2 月 10 日，2012 年 12 月在堪萨斯城首次投入运营，其核心服务是通过光纤网络为用户提供高速宽带和电视节目。

截至 2016 年上半年，Google Fiber 仅拥有不到 70 000 个付费电视用户，仅占全美付费电视市场的 0.07%，2016 年第二季度，Google Fiber 项目总计造成了约 2.8 亿美元的亏损。2016 年 6 月，谷歌宣布 Google Fiber 将转为提供无线网络连接，并收购高速无线网络供应商 WebPass。同年 8 月，谷歌母公司 Alphabet 宣布停止该计划的进一步扩张，并在该项目组裁员 50%。

与互联网企业的常见项目不同，网络基础建设需要长期投入巨额资金，Google Fiber 项目涉及的光缆架设是一项需要长期巨额投入的基础设施建设工程。尽管光缆价格相对低廉，但是重整街道、打孔、架设光缆等劳动成本占据了全部工程成本的 80% 以上。据测算，Google Fiber 在一座城市铺设光缆网络的成本将超过 10 亿美元。如此巨大的投入也是很多公司对基础设施建设工程敬而远之的原因。对谷歌而言，尽管 Google Fiber 项目已经开始向无线网络供应商转型，但如果谷歌继续将这一项目作为进入互联网服务提供商市场的跳板，那么其依旧必须拥有属于自己的有线光纤网络。在付费用户数量不能保持稳定快速增长的情况下，Google Fiber 项目的成本将会变得难以承受。

尽管 Google Fiber 的出现迫使其他运营商降价或提供类似服务，对既有的市场格局造成了一定冲击，但是相较于传统运营商，Google Fiber 在市场竞争中的劣势大于优势。

在项目初期，Google Fiber 1Gbit/s 网络的价格为每月 70 美元，包含电视服务的 Google Fiber 网络计划的价格为每月 130~140 美元。这些价格相比美国电话电报公司等老牌运营商的服务价格并没有明显优势。随后，Google Fiber 推出了每月 50 美元的 100Mbit/s 网络计划。然而，由于用户数量增长缓慢，新的低价服务并没能显著增加项目的收入，也没有减轻高额成本对整个项目的巨大压力。

为应对 Google Fiber 带来的威胁，美国电话电报公司等运营商利用在本地市场已经建立起的优势推广与 Google Fiber 相似甚至更为优惠的服务，不断提升对已有用户的服务水平，同时吸引新的用户。由于不需要建设新的网络基础设施，这些运营商可以在市场推广方面增加投入，与 Google Fiber 争夺市场份额。

谷歌在基础设施建设方面的经验明显不足，Google Fiber 项目严重依赖光纤部署和城市合作伙伴关系，而该公司与其他合作伙伴关系的缺乏使得该项目遇到了很多障碍。在路易斯维尔、纳什维尔等城市，谷歌面临着用现有基础设施（如电线杆）悬挂光纤电缆的诉讼。在 Google Fiber 的起点堪萨斯城，谷歌也收到了限制其扩张的禁令。此外，谷歌在城市内缺乏资源，发展的速度也很缓慢，这导致其在奥斯汀和夏洛特等城市被传统供应商击败。

由于运营经验不足，Google Fiber 出现了重大的信号中断事故，使其在用户心中的形象大打折扣。而成熟的运营商完全可以通过对系统的日常调试和维护使类似事故的发生率降低。

在 Google Fiber 项目进展缓慢的同时，谷歌于 2013 年和 2014 年分别公布了 Project Loon 和 Project Titan，即分别使用局空热气球和无人机提供无线网络覆盖。目前，Project Loon 成为谷歌在这一领域的核心项目。与 Google Fiber 不同，Project Loon 并没有搭建起谷歌自己的通信网络，而是作为高空基站，将当地运营商的通信网络延伸到地面有线网络无法覆盖的区域。谷歌网络项目如图 5-41 所示。

图 5-41 谷歌网络项目

Facebook 寻求与传统运营商合作，布局管道连接

互联网行业的另一巨头 Facebook 虽然没有直接以运营商身份进行的项目，但与谷歌类似，Facebook 也聚焦于无线通信，并联合设备制造商和运营商共同研发通信基础设施。

2016 年 2 月，Facebook 发起成立了 TIP 项目（电信基础设施项目）。迄今为止，该项目成员已包含了诺基亚、思科等通信装备制造商，德国电信、韩国 SK 电讯等运营商，总计 300 余家企业。这一项目旨在建立适用于 5G、互联网时代的新的电信基础设施和基础设施的建设方式。截至 2016 年末，Facebook 已于 TIP 发布了基于开源、路由分组技术和 Open Packet DWDM 的 Voyager 平台，OpenCellular 开源无线接入平台，Terragraph 网络回传系统，利用无人机在偏远地区覆盖网络的 Project Aquila。

从互联网行业两大巨头的选择可以看出，对互联网公司而言，独自建设通信基础设施的难度极大，如果从零开始建设通信网络基础设施，需要长期的大规模资金投入。我们判断，如果互联网厂商在未来想要进入通信市场，必须与运营商合作，借助运营商在资金、重资产运营上的优势，发挥互联网厂商在内容和技术上的优势，两者互补将会成为未来信息产业的主要特征。

运营商网络能力开放成为必然

运营商网络能力开放正在进行时，电信运营商网络开始悄然发生变革。网络能力开放是运营商下一个增长点的前提，技术及商业模式已具备雏形，运营商可以基于业务应用的需求提供网络能力，优化网络资源配置和流量管理，为上层业务提供合适的服务，进而创造新的管道价值，并形成移动网络的新型商业模式，给运营商带来新的机遇。

网络能力以 API（应用程序接口）形式开放

电信网络非常复杂，进入门槛很高，运营商以 API 的形式实现电信能力对外开放。运营商通过对外开放电信能力，一方面可以满足客户对电信传统核心能力与自身业务流程的整合需求，另一方面为其拓展业务范围和收入提升寻找契机。根据 Ovum 的调查，全球大约 65% 的运营商已经推出或正在研发电信能力 API，具体如图 5-42 所示。

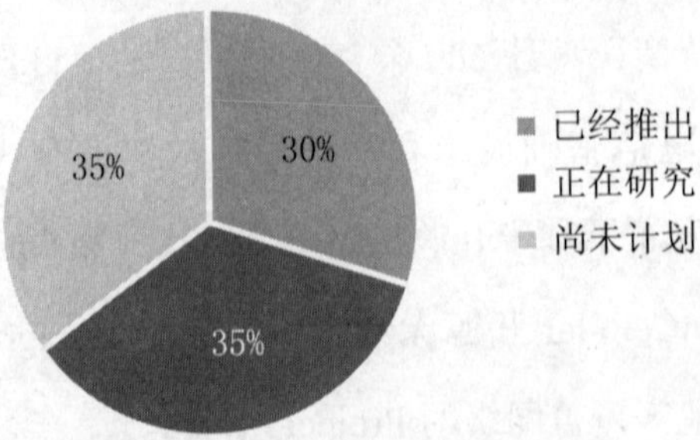

资料来源：引自王灵珊、梁峥 2017 年发表于《通信企业管理》的文章《全球运营商能力开放概况与趋势》。

图 5-42　运营商 API 能力提供进程

a. Orange：以自主建设为主

Orange 的能力开放产品以语音类、消息类、终端信息、用户信息、定位、支付及管理支撑为主，并提供差异化的能力开放平台及配套服务，产品化程度较高。其能力开放产品按客户分级进行划分和市场定位。在商业模式方面，Orange 提供能力开放，除了与开发者进行 3 ∶ 7 的收入分成外，还针对不同的开放能力接口制定了差异化的资费策略。

b. 沃达丰：自建 + 联盟拓展应用来源

沃达丰的能力开放平台 Vodafone360 是其智能管道战略的重要驱动引擎。沃达丰将电信独特的资产作为能力向第三方出售，通过将计费、CRM（客户关系管理）、位置信息、分发、客户关怀等能力嵌入业务以实现能力的效益转化，终端、网络、计费及定位是其重点开放的能力。沃达丰通过自有、联盟或与第三方合作的方式建设开放平台，除自建的 Vodafone360 平台外，还支持 JIL[①] 联盟开发平台，并通过与第三方合作，来提供基于网络的远程终端测试环境与模拟器。在商业模式上，沃达丰除与开发者进行 3 ∶ 7 的应用下载分成外，还为开发者提供 100% 的广告分成来吸引开发者。

c. 德国电信：固网开放以自建为主，移动网络开放完全外包

目前，德国电信主要通过第三方应用开发平台服务的提供商将移动网络能力向社会开发者开放，并将包含移动网络能力的应用面向主流应用商店发布，以扩大能力的开放范围。在商业模式上，德国电信针对不同开放能力接口制定不同的资费策略，德国电信则与开发者进行 3∶7 的应用下载收入分成，以及为开发者提供 100% 的广告收入分成。

d. 西班牙电信公司：将能力嵌入主流开发工具

西班牙电信公司通过与微软合作提供 SDKfor.NET，将能力嵌入主流开发工具，其应用可以面向更广泛的终端及平台发布，包括 PC、电视、手机、

① JIF（Joint Innovation Lab），中文名为联合创新实验室。

Xbox、浏览器、开放式云计算平台 Windows Azure 等。

在商业模式上西班牙电信公司最为灵活，开发者可获得 70% 的应用销售收入、70% 的应用内订阅收入、50% 的广告收入、20% 的上行短信收入、10% 的下行短信收入、20% 的上行彩信收入以及 10% 的下行彩信收入，并且通过不同能力的组合实现以上分成模式的灵活配比。

NFV/SDN 是运营商网络能力开放的关键技术

各大运营商已经开始布局 NFV/SDN 技术，立足万物互联需求，构筑网络及管道优势。NFV/SDN 不仅使运营商实现了网络硬件设施与软件控制的分离，并借此改革整套业务流程和后台运作，将资源从原来庞大的网络基础设施逐步转移到更高价值的软件部分上来，使原来专有、多样、非统一的网络能力变得标准化、通用化，在此基础上，对外开放网络资源变得更快捷、可靠而灵活，因此，API 将在 NFV/SDN 发展中占据重要地位。运营商的下一步工作将是为开发者、合作伙伴和客户提供一个动态的、可按需支付的、几乎实时的整合性服务。能力开放平台基础架构如图 5-43 所示。

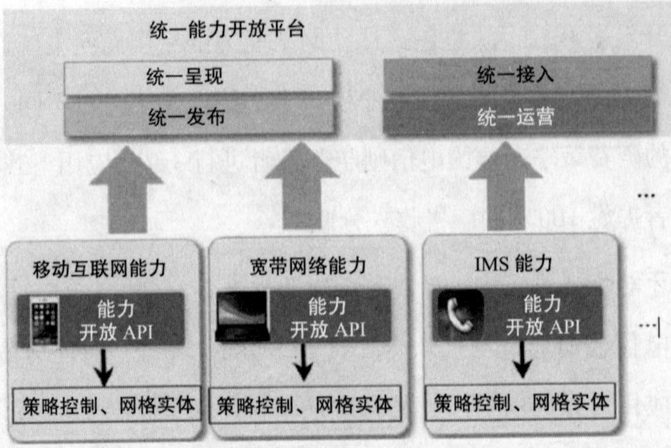

资料来源："运营商网络能力开放研究"，中国电信。

图 5-43　能力开放平台基础架构

美国电话电报公司于2013年开始启动Domain2.0项目，借助NFV/SDN技术，“通过对网络的软件化来实现公司向‘软件化公司’的转变”。2016年，美国电话电报公司CEO在微软开发者大会上表示，美国电话电报公司计划冲击开源软件所占比例，目标是从现有的5%提升到50%。美国电话电报公司网络架构演进趋势如图5-44所示。

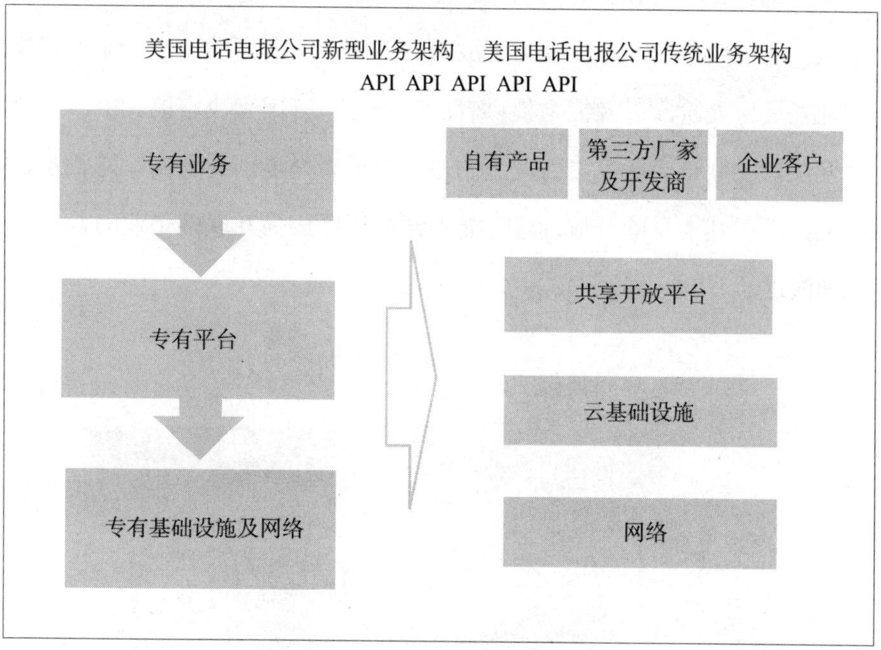

图5-44 美国电话电报公司网络架构演进趋势

SDN/NFV商用进度：对于SDN，全球许多主流运营商在2014年开启了SDN概念验证，2015年进入现场试验/试商用阶段，美国电话电报公司等个别运营商开始全面推进商用部署，多数运营商则主要在DC内和DC间部署；而NFV尚处于早期应用阶段，主要在vEPC、vIMS场景应用，少数在vBRAS和vCPE上开始应用。

在推进网络架构重构方面，全球一些领先的运营商已经启动面向以云服务为中心的基础网络转型工作，如美国电话电报公司的 Domain2.0、德国电信的 PAN-EU、中国电信 CTNet2025、中国联通 CUBE-Net、中国移动 NovoNet 等，参考图 5-45、图 5-46。

依托管道优势、背靠连接规模，运营商估值体系在万物互联趋势下有望实现生态翻转；万物互联时代的管道能力开放，使得运营商有望重回产业主导地位。通信信息产业每次能力开放都会伴随巨头公司的产生：能力开放是由产业发展所处阶段以及能力提供者的市场地位等因素决定的。由于通信网络比互联网发展早，所以能力开放的最早提倡者是电信运营商。随着互联网的兴起，由于其本身的开放理念，能力开放逐渐成为互联网企业的普遍选择并加速演进。

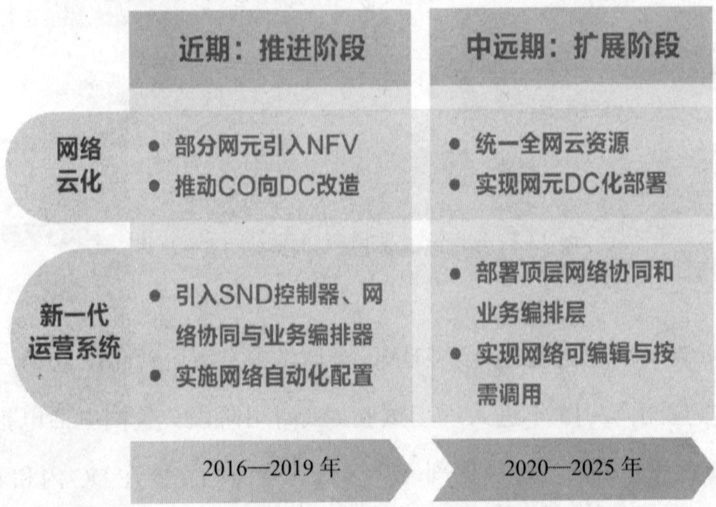

资料来源：2016 年，《中国电信 CTNet2025 网络架构白皮书》。

图 5-45　中国电信 CTNet2025 目标网络演进路径

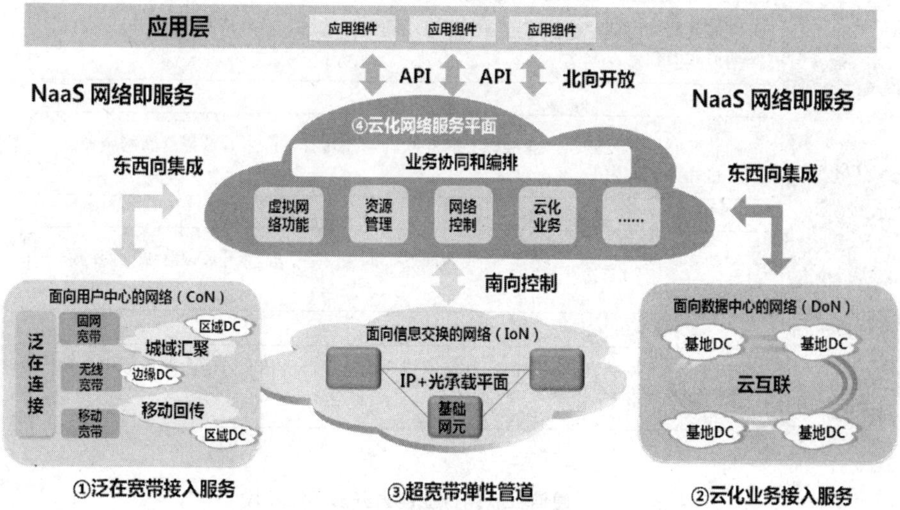

资料来源：2015 年，《中国联通新一代网络架构 CUBE-Net 2.0 白皮书》。

图 5-46　中国联通 CUBE-Net 架构

能力开放的演进大致经历了四个阶段：在通信网络时期，电信运营商占据市场的主导地位，能力开放以电信运营商的通信能力开放为主（巨头为电信运营商）；随着互联网的发展，产业链核心向互联网企业转移，能力开放以互联网企业的平台计算能力为主（巨头为微软等）；移动互联网兴起后，终端厂商成为产业链的主导者，能力开放以终端厂商的终端能力为主（巨头为苹果、谷歌等）；当移动互联网发展日趋成熟时，社交网络成为产业链的核心，能力开放以用户关系网络开放为主（巨头为 Facebook，腾讯等）。具体如图 5-47 所示。

在即将到来的 5G 时代，各种智能终端、丰富多彩的 OTT 业务将会给移动网络用户带来全新的业务体验，应用碎片化、垂直化趋势越发明显。面对海量的应用需求，必须依靠第三方业务提供商才能为用户提供各种各样的新业务。

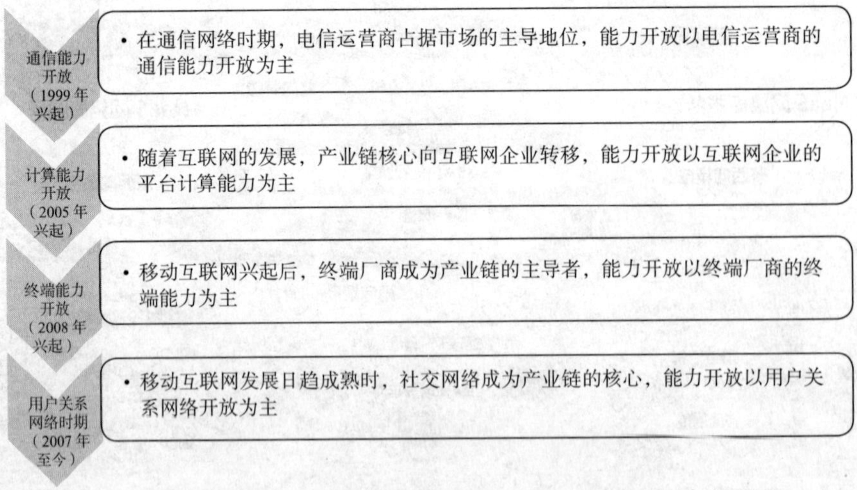

图 5-47　通信互联网行业能力开放不同阶段

对运营商来说，通过网络能力开放，合作伙伴能够与运营商自身的生态系统形成紧密联系，构建良好的生态链，在万物互联网时代重塑管道优势价值；运营商基于开放的业务能力，能迅速满足客户的需求，避免复杂的业务开通及审批流程，提高客户满意度；运营商将开放的平台能力、业务能力、上下游信息资源、PCC（可编程计算机控制器）等资源有偿提供给第三方，开创新的利益增长点；打破管道化运营与封闭运营模式，与合作伙伴共同挖掘自身规模化核心资源与服务潜力，进而共创商业价值；借助能力开放，运营商网络可以实现最优化网络资源配置，提升差异化竞争力。

物联网带来连接规模的增量，运营商重新掌握用户稀缺入口

在语音和短信时代，号码具有不可替代的特性，所以，用户对于运营商具有很强的黏性，所有的内容和服务提供必须通过运营商提供的号码产生关联，拥有用户的运营商掌握信息产业主导权，这也带来了服务提供商增值业务的繁荣。

4G时代是以流量经营为特征的，OTT厂商自有账户体系，运营商号码不再具备不可替代特征，因此，OTT业务对传统通信业务的发展带来极大挑战，运营商沦为管道商，对管道内容无感知更无控制权，信息增值进入瓶颈期，OTT厂商掌握账户和内容，攫取了行业最大价值。

万物互联时代，由于下游需求产业链碎片化严重，运营商下游客户将会极度分散。我们判断，在用户规模方面，很难再有其他厂商的用户数超过电信运营商。另外，由于蜂窝物联网的快速发展，运营商号码再次具备了不可替代性，运营商将会掌握百亿级用户入口，其产业价值将有望重回"第一梯队"。

二、电信运营商行业投资逻辑

（1）中国通信消费支出稳定增长，通信业务收入增长动力十足。

（2）OTT业务冲击减弱，短信、话音等传统移动通信业务下滑趋于缓和，降低了传统业务收入下滑幅度。

（3）视频持续拉动流量业务增长，流量需求仍富有弹性，中国电信运营商移动用户ARPU反转上升，对比发达国家电信市场，我国数据流量红利将会持续3~4年。

（4）5G资本开支将会是渐进式的，电信运营商投资收入比进入下滑通道，利润改善开始显现。

（5）连接数量是运营商的生命线，管道是运营商的核心竞争力，运营商开始着手布局物联网及网络能力开放平台，依托产业优势开始深挖万物互联生态长期护城河。

（6）PC时代：在1995—2002年间，以PC为主的互联网快速发展，ICT

产业的大部分价值被微软、IBM、英特尔等公司占据。

电信增值时代：2002—2010 年，电信增值业务突飞猛进，在这期间电信增值业务完全要依靠电信运营商管道及用户开展，电信运营商（美国以美国电话电报公司为代表）依托管道占据产业优势（2006—2008 年美国电话电报公司市值稳居美国科技股第二）。

OTT 时代：2010 年随着交互性极佳的苹果公司 iPhone4 的发布，ICT 产业进入移动互联网时代，苹果公司凭借硬件入口优势（接触最多的客户）、软件平台优势（对接最多的内容）进入整个产业链的价值顶端。

万物互联时代：下游需求极度碎片化，亿万级连接对网络性能及业务配置灵活性要求极为严苛，长期看运营商凭借管道优势、连接规模优势，有望再次夺回产业制高点。

第三节　IDC 和 CDN：IDC 竞争激烈，电信运营商占尽优势，新竞争格局下龙头公司地位仍旧强势

1. 互联网数据中心业务（IDC）

（1）基本情况：商业地产模式，门槛低

互联网数据中心（Internet Data Center）简称 IDC，就是电信部门利用已有的互联网通信线路、带宽资源，建立标准化的电信专业级机房环境，为企业、政府提供服务器托管、租用以及相关增值等方面的全方位服务。

IDC 行业经营模式大体包括基础性服务、增值服务和云服务。第一代为基础设施托管服务，主要提供物理空间、电力、网络；第二代提供部分增值服务，如安全服务、网络服务和代维服务等；第三代则融合 IDC 环境资源及 IT 资源，提供 IT 层面的服务和定制化方案（见图 5-48）。

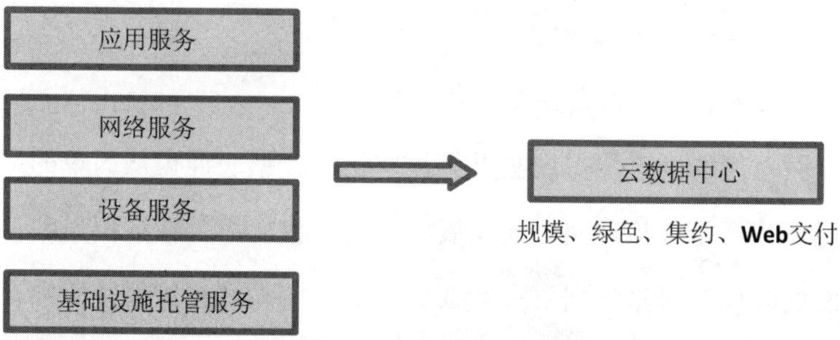

图 5-48　IDC 行业经营模式

IDC 关键因素地、电、网，具备典型的商业地产模式特征

从某兆瓦级数据中心成本拆分以及常规运营成本图（见图 5-49、图 5-50）来看，IDC 的经营成本主要有建设费用和设备费用（重资产，产业模型与商业地产相近）；其运营成本主要为折旧费用、能耗费用、带宽费用、维护管

理费用，而常规运营成本（去除折旧）中耗电费用占比近 50%，提高 PUE[①]成为趋势（部分城市开始限制高耗能数据中心建设）。一线及部分二线城市靠近国家骨干网节点，时延和带宽优势大，但对 IDC 限制大（天花板作用）；偏远地区地皮和能源便宜，适合灾备。

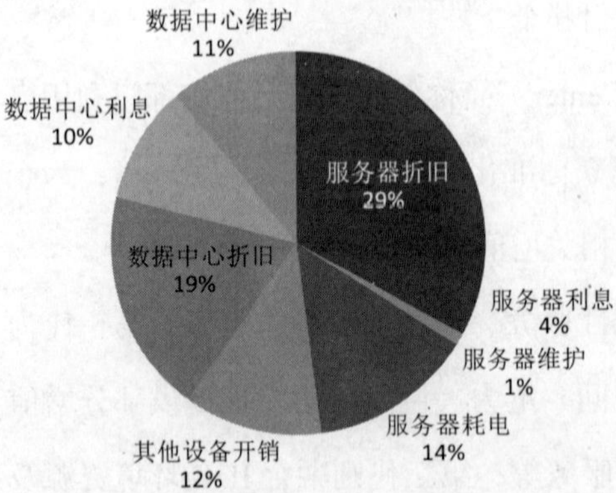

资料来源：“2016 年数据中心运营与建设成本分析报告”。

图 5-49　某兆瓦级数据中心成本拆分

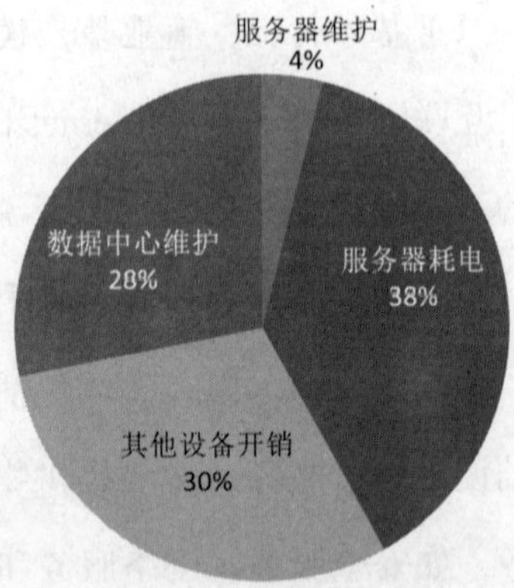

资料来源：“2016 年数据中心运营与建设成本分析报告”。

图 5-50　某兆瓦级数据中心常规运营成本

（2）IDC 现状：需求旺盛，竞争激烈

互联网时代的到来使得现实世界数据化，数据表征也从简单的文字向复杂的音视频甚至于虚拟现实方向发展，目前，我们正处在数据量和计算量呈指数爆发的时代。海量数据要求数据中心要有庞大的存储系统用以存储大量的计算数据，同时也对数据中心的计算能力提出更高要求。2016 年全球 IDC 整体市场规模达到 451.9 亿美元，增速为 18.7%，其增长速度的主要拉动力来自于亚太，IT 企业、互联网企业和电信企业在数据中心方面的投资加大推

① PUE 是 Power Usage Effectiveness 的简写，是评价数据中心能源效率的指标，是数据中心消耗的所有能源与 IT 负载使用的能源之比。

动了整体市场的发展。

从全球 IDC 市场规模的变化（见图 5-51）以及我国 IDC 市场规模的变化（见图 5-52）来看，我国数据中心现阶段以新建为主，市场规模增速近 40%。

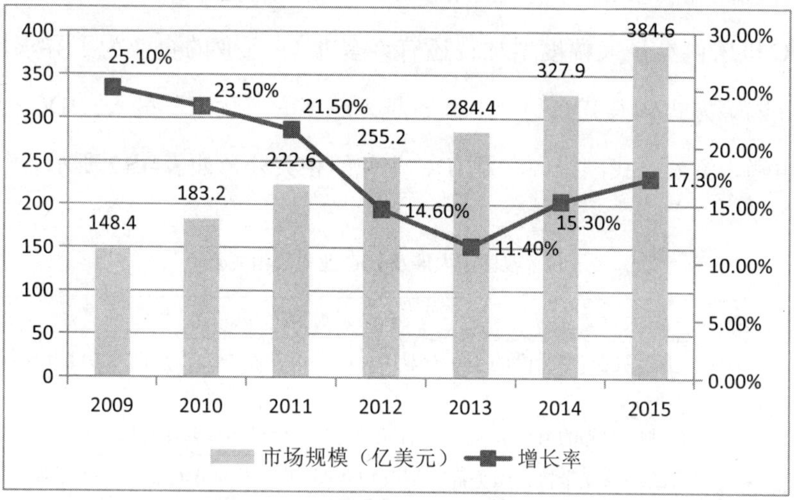

图 5-51　全球 IDC 市场规模的变化

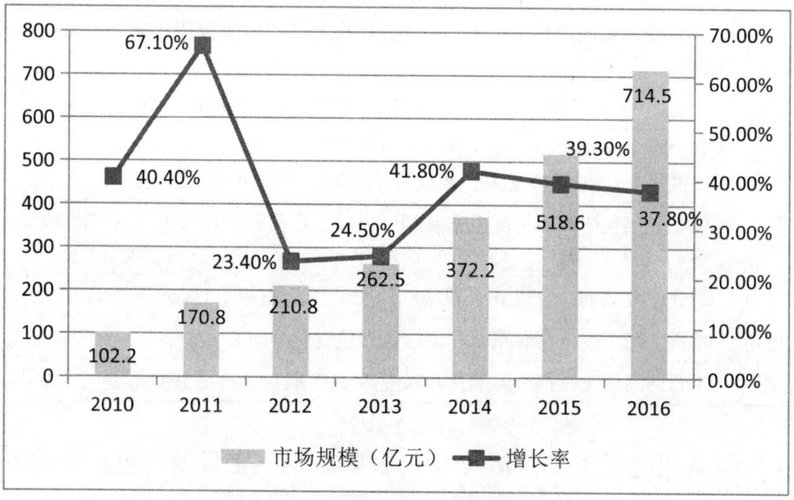

图 5-52　我国 IDC 市场规模的变化

IDC 竞争加剧，传统 IDC 利润下降

正是因为需求飞速增长，近两年来国内数据中心建设进入高峰期，大量的资本进入 IDC 行业，新建数据中心数量明显增加；电信运营商在全国的云计算基地陆续落地；中等规模的第三方 IDC 加大自建数据中心投入力度，致使 IDC 机房供给量大幅度增加；还有许多非 IT 行业的企业为了寻求转型，通过并购等方式介入 IDC 行业。随着越来越多的“玩家”进入，IDC 行业市场竞争趋于激烈。我国国内涉及 IDC 业务的相关公司如表 5.12 所示。

表 5.12　我国国内涉及 IDC 业务的相关公司

公司	简介
世纪互联	中国市场占有率最高的一家专业（非电信运营商）IDC 企业，2011 年于纳斯达克上市
光环新网	北京地区领先的 IDC 厂商，拥有超过 6 000 个机柜；开始全国布局
鹏博士	最大的民营宽带接入服务商，拥有约 20 万平方米的 IDC 机房和 2 万多个机柜
网宿科技	由传统 IDC 企业转型为 CDN 企业，2015 年 IDC 服务占营收 12. 66%
科华恒盛	国内知名的 UPS 厂商，依托公司在绿色数据中心方案的技术优势，进入 IDC 市场，目前自有北京亦庄数据中心等，预计将全国布局 1.5 万个机柜
高升控股	高升控股是国内最大的机房 / 带宽转售商之一，当前逐步转型为 IDC+CDN 运营商
新海宜	公司 10 亿元定增 IDC 和专网业务，预计将建成 4 500 个机柜
广东榕泰	并购森华易腾转型 IDC，森华易腾机房集中在北京，已为 400 多家互联网公司提供服务；投资 15 亿元，建设容量 8 000 个机柜的张北机房
宝信软件	依托宝钢集团成熟的配电系统和巨大的厂房面积，建设宝之云 IDC 项目，合计约 17 300 个机柜
美利纸业	增资宁夏云创，投建 IDC 机房，约 1.92 万个机柜
朗源股份	增资上海恒煜，与北京德利迅达合作建设数据中心
华星创业	主营网络优化，拟收购北京互联港湾 51% 股权，进军 IDC 行业

在日渐激烈的竞争中，传统 IDC 服务的同质化日渐严重，单纯 IDC 服务商在某种意义上成为了商业地产商和机房管理员，利润率越来越低，国内

所有 IDC 服务商中，净利率 30% 以下的服务商占比高达 82.2%。

（3）IDC 竞争格局：国内电信运营商规模及成本优势显著，第三方 IDC 亟待转型

从我国 IDC 公司的数量分布（见图 5-53）来看，市场参与者包括电信运营商、第三方 IDC 厂商和云服务提供商（一般从 IDC 厂商那里租用基础资源，部分自有）。

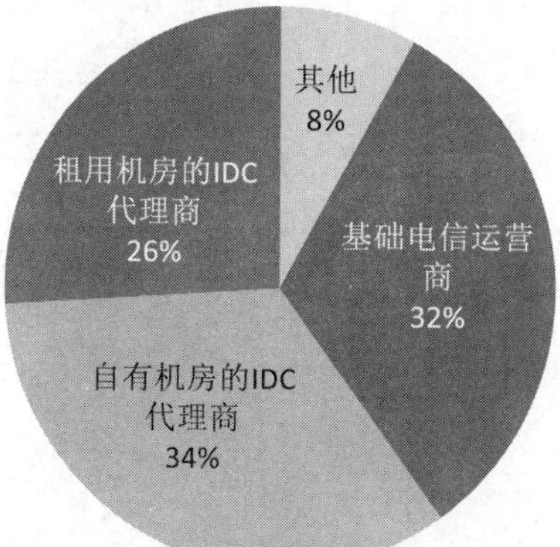

图 5-53 我国 IDC 公司的数量分布

现阶段，IDC 与其他业务的融合情况如图 5-54 所示。

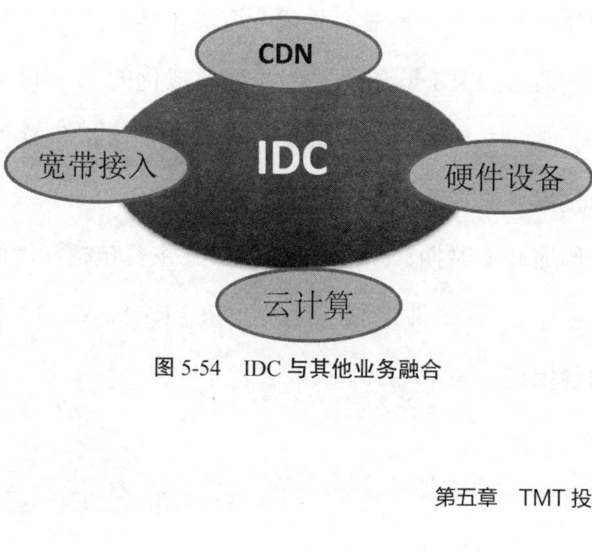

图 5-54 IDC 与其他业务融合

此外，基础电信运营商与第三方 IDC 服务商的对比情况如表 5.13 所示。

表 5.13　基础电信运营商与第三方 IDC 服务商的对比

	基础业务		增值业务		云服务业务	
	优势	劣势	优势	劣势	优势	劣势
运营商	业务资源丰富	各运营商之间同质竞争激烈，产品单一	较易获得客户使用和信任	业务开发服务实施能力较弱	能实现规模化云服务业务，并具有网络优势	云计算技术及客户服务方面不具有优势
第三方 IDC 服务商	可以引进多运营商资源，产品丰富	资源受制于运营商，大多数不能提供类似 BGP（边界网关协议）业务	服务实施能力较强	业务开展需要运营商和业务开发公司结合	云服务技术及服务能力方面较强，很多公司有一定开发能力	资源不具备优势，规模化维护能力较差

（4）IDC：提供虚拟化和更加灵活的 IT 资源是 IDC 服务的大趋势

IDC 的发展经历了三个时期（见图 5-55）：第一个时期是 2006—2016 年，这一时期主要提供物理服务，即每服务器对应一个应用，该时期的特征是硬件、软件分开采购，集成商集成，资源不能共享以及 IDC 进行硬件租赁；第二个时期从 2016 年开始，主要是虚拟化的 IT（每虚拟机对应一个应用），该时期的特点是硬件和软件分开采购，虚拟化软件厂商进行集成，通过虚拟化做到资源部分共享以及 IaaS、PaaS、SaaS 成为主流；第三个时期，即可伸缩环境时期，从 2020 年开始，主要包括深度解耦、异构化 SoC（系统级芯片）、软硬件定制、硅光互联、RAM/NYM、轻载 Hyper-V 和数据中心编程模型。

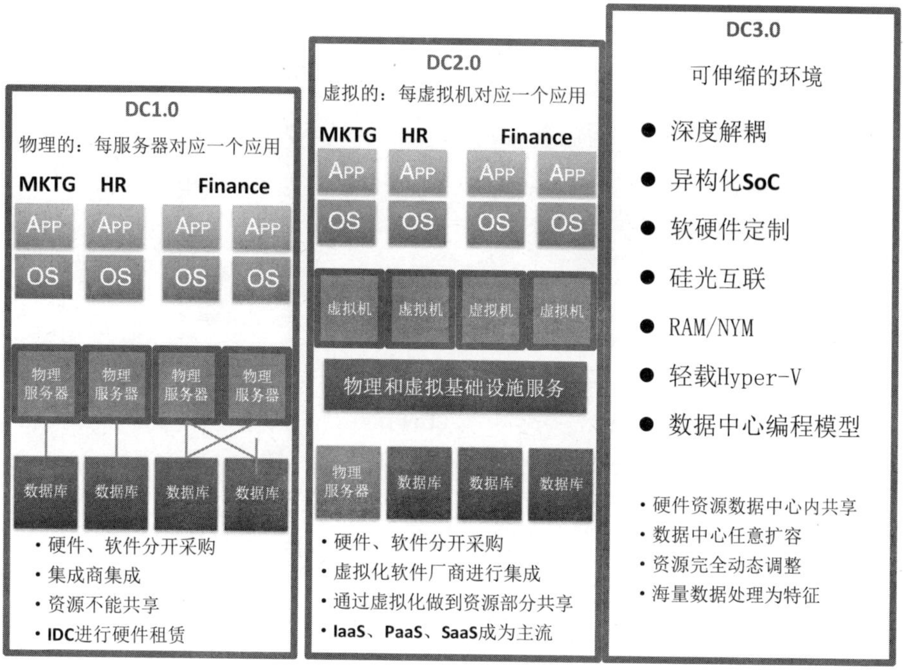

图 5-55　IDC 的发展经历

2. 内容分发网络业务（CDN）：第三方龙头优势依旧

CDN 是由分布在不同区域的节点服务器群组成的分布式网络，通过一定规则将互联网网站、网络视频、网络游戏等内容源推送到接近用户的网络边缘节点服务器，使用户可以就近取得所需的内容，是缓解互联网网络拥塞，提高互联网业务响应速度，改善用户业务体验的重要手段。具体原理见图 5-56。

对于 CDN 服务提供商而言，其从基础运营商或专业 IDC 提供商采购带宽、机柜等资源，通过自身技术为有需求的企业提供加速服务，并按带宽或流量收取费用，其差价即为其利润来源。

CDN 与云计算互相渗透，如图 5-57 所示。

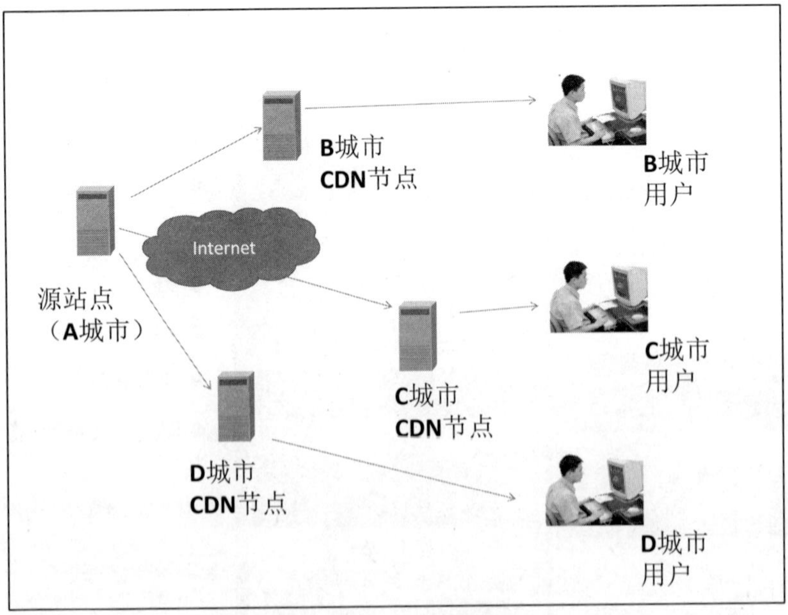

图 5-56　CDN 原理简图

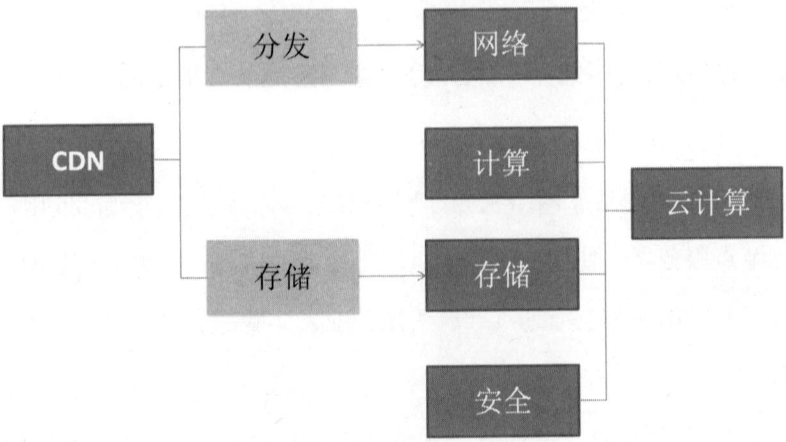

图 5-57　CDN 与云计算互相渗透

CDN 产业包括上游电信运营商、IDC 服务商（主要提供带宽机柜资源）及下游需求方（各大互联网厂商及政企网络），CDN 产业链如图 5-58 所示。

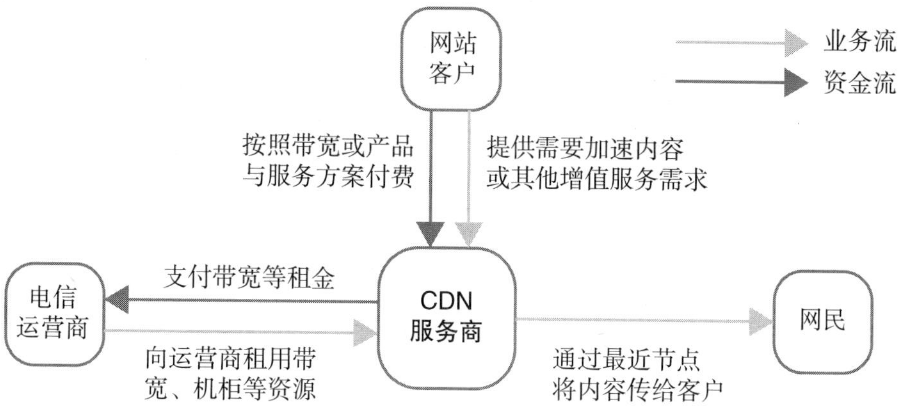

图 5-58　CDN 产业链

（1）流量仍未见“天花板”，行业规模持续扩张

首先，我们来看一下国际 CDN 的发展历程，如图 5-59 所示。

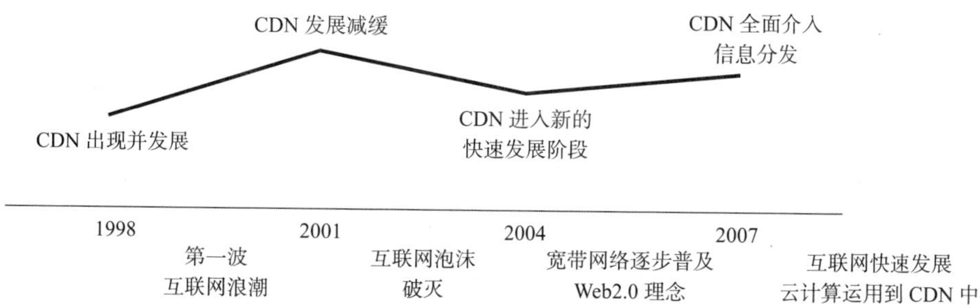

图 5-59　国际 CDN 的发展历程

CDN 行业爆发是互联网发展的必然结果，互联网流量持续高增长是公司收入端的最重要驱动力，其实这个最大的逻辑基本上应该是市场共识。互联网的产品创新和商业模式日新月异，但其中不变的是流量的高增长，思科对未来网络流量的估算表明流量呈几何级数增长。

从全球 CDN 市场规模及预测（见图 5-60）来看，目前国际 CDN 的市场现状为：全球 CDN 市场 2015 年规模 50 亿美元，2017—2019 年三年年增长率为 25%~30%；大用户是 CDN 主要用户，长尾用户渗透率低；阿卡迈（Akamai）与 Amazon CloudFront 形成双寡头，占据 50% 的市场份额；阿卡迈偏向大用户，Amazon CloudFront 偏向小用户。

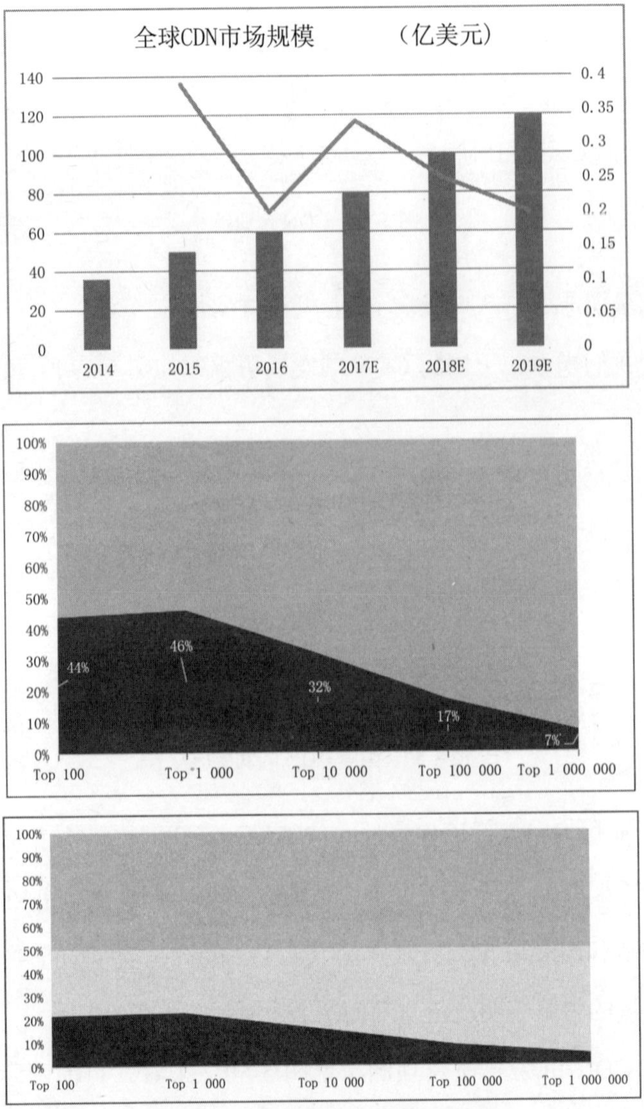

图 5-60　全球 CDN 市场规模及预测

从 2014 年国内 CDN 市场服务结构（见图 5-61）、国内专业 CDN 市场份额结构（见图 5-62）以及我国专业 CDN 市场规模（见图 5-63）来看，与重资产、具有区域独立性的 IDC 产业不同，CDN 服务对覆盖的整体性要求更高，规模效应更为显著，软技术实力更为重要。因此目前我国专业 CDN 市场集中度极高。

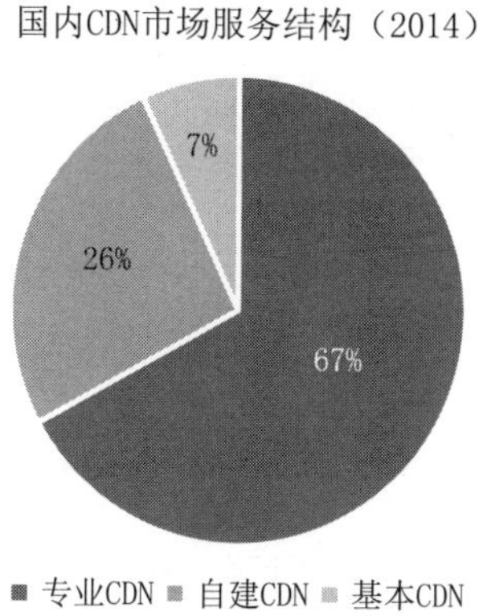

资料来源：计世资讯，2014。

图 5-61　国内 CDN 市场服务结构

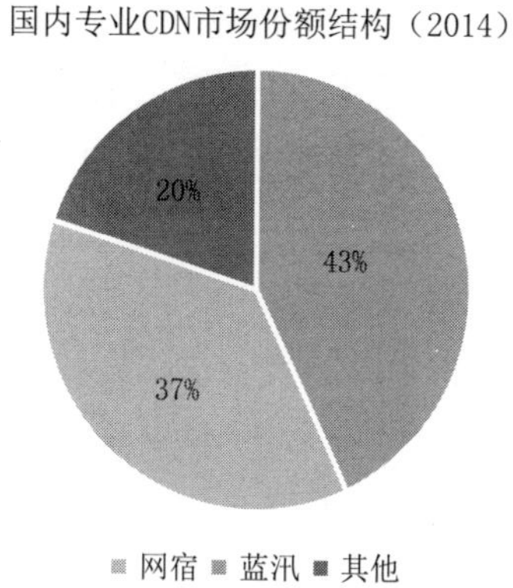

资料来源：中国信通院《内容分发网络（CDN）白皮书（2015）》。

图 5-62　国内专业 CDN 市场份额结构

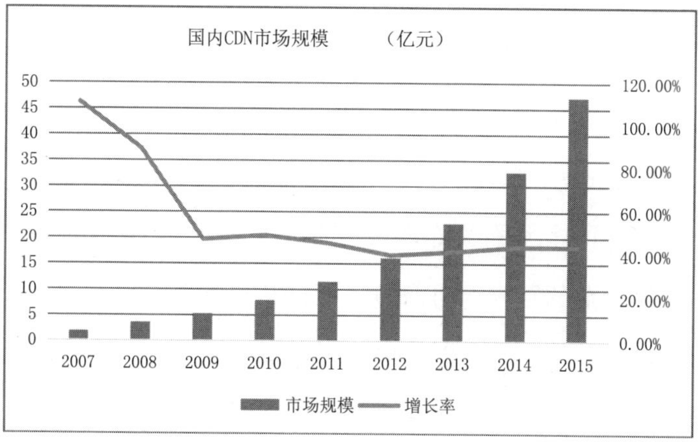

资料来源：中国产业信息网。

图 5-63　我国专业 CDN 市场规模

我国涉及 CDN 业务的相关上市公司如表 5.14 所示。

表 5.14 国内 CDN 相关上市公司

<table>
<tr><th>公司</th><th>简介</th></tr>
<tr><td>网宿科技</td><td>目前在全国部署有 700 多个 CDN 加速节点，CDN 储备带宽超过 12T，在平台资源规模上优势明显
截至 2014 年，网宿科技 CDN 服务峰值带宽容量占国内专业 CDN 服务商的 38%，从 CDN 业务营收来看，网宿科技具有 43% 的市场份额，在两方面均居国内专业 CDN 市场首位</td></tr>
<tr><td>蓝汛通信</td><td>我国最早的专业 CDN 服务提供商，蓝汛通信在全国 100 多个大中城市拥有近 500 个节点，覆盖三大电信运营商。近两年业绩出现下滑，部分客户有流失可能</td></tr>
<tr><td>BAT</td><td>小微企业客户数量份额提升</td></tr>
<tr><td>帝联科技</td><td>国内第三大第三方 CDN 服务商（新三板）</td></tr>
<tr><td>高升控股</td><td>原蓝鼎控股收购高升科技后更名，高升科技 2015 年实现净利润约 9 400 万元，同比增 107.8%
高升科技所在的“IDC+CDN+APM”云计算基础服务行业正处于高速增长阶段（IDC30%，CDN40%）</td></tr>
<tr><td>光环新网</td><td rowspan="3">传统 IDC 服务商，涉足 CDN 业务
其中光环新网 2014 年完成 IaaS 云计算平台的建设，同时对 CDN 系统进行持续研发，具备较强竞争力</td></tr>
<tr><td>世纪互联</td></tr>
<tr><td>互联通</td></tr>
<tr><td>鹏博士</td><td>接入业务为主，也有 IDC/CDN 以及云计算业务</td></tr>
</table>

（2）CDN 行业：牌照逐批发放，规范化更利于长期发展

据中国信息通信研究院发布的《内容分发网络（CDN）白皮书（2015）》显示，在 CDN 行业的营收方面，2014 年网宿科技市场份额约为 43%，蓝汛通信约为 37%，二者合计占据 CDN 市场的 80% 左右。在中国，“双寡头”在十几年的掘金中成为最重要的行业角色。

2013 年 3 月—2014 年 3 月，作为国内最大的 CDN 服务商，网宿科技股

价从 20 元狂飙到 132 元，涨幅 560%；在美国上市的 CDN 企业蓝汛通信，股价从 3.7 美元攀升至 25 美元，涨幅 575%。而随着移动互联网高速发展以及三网融合的宏观背景不断得到强化，互联网巨头企业、三大运营商也开始进入 CDN 市场。原有厂商受到冲击，股价也一度波动下降，特别是进入 2016 年，股价直线下降。

2016 年 12 月 12 日，工业和信息化部向网宿科技和阿里云正式发放 CDN 业务经营许可证，自此，我国 CDN 产业正式进入了牌照时代。截至 2017 年 8 月 7 日，国内共有 16 家企业获得 CDN 牌照，分别是网宿科技、阿里云、蓝汛通信、帝联科技、腾讯云、同兴万点、福建光通互联、北京供销科技、上海云熵网络、金山云、高升控股、中联利信、知道创宇、网心科技、白山云以及三快云。其中含金量最高的仍然是老牌厂商网宿科技、蓝汛通信、帝联科技和互联网巨头阿里云、腾讯云，具体如图 5-64 所示。

第一批（2016.12.12）	网宿科技、阿里云
第二批（2017.05.22）	帝联科技、腾汛云、蓝讯通信、同兴万点、福建光通互联
第三批（2017.06.14）	北京供销科技、上海云熵网络
第四批（2017.07.03）	金山云、高升控股
第五批（2017.07.03）	中联利信
第六批（2017.08.07）	知道创宇、网心科技、白山云、三快云

资料来源：Wind。

图 5-64　获得 CDN 牌照的厂商

据国外知名调研机构 MarketsandMarkets 发布的研究报告，全球 CDN 市场规模将有望从 2011 年的 21 亿美元增长至 2017 的 74 亿美元，预计 2019 年将达到 121 亿美元，超过 50% 的互联网流量通过 CDN 进行加速。未来五年国内 CDN 行业仍将保持高速增长。

（3）CDN 龙头地位依旧强势

对比最早拿到牌照的两家老牌 CDN 厂商可以发现，网宿科技在行业中稳居霸主地位。2016 年网宿科技 CDN 业务收入 40.38 亿元，同比增长 58.9%，而帝联科技 CDN 业务收入 4.04 亿元，同比下降 4.5%。网宿科技实现的 CDN 业务收入是帝联科技的 10 倍。从公司的业务构成来看，网宿科技的 CDN 业务收入占公司总收入的 90%，而帝联科技 CDN 业务收入占公司总收入的 68%。

从 CDN 业务毛利总量来看，网宿科技 2016 年实现毛利 17.69 亿元，帝联科技 2016 年实现毛利 0.79 亿元，网宿科技毛利总量是帝联科技的 22 倍。从 CDN 业务毛利率来看，网宿科技 2016 年 CDN 业务毛利率为 43.78%，而帝联科技 2016 年 CDN 业务毛利率为 19.66%。从整体趋势来看，网宿科技的毛利率一直高于帝联科技，具体如图 5-65 所示。

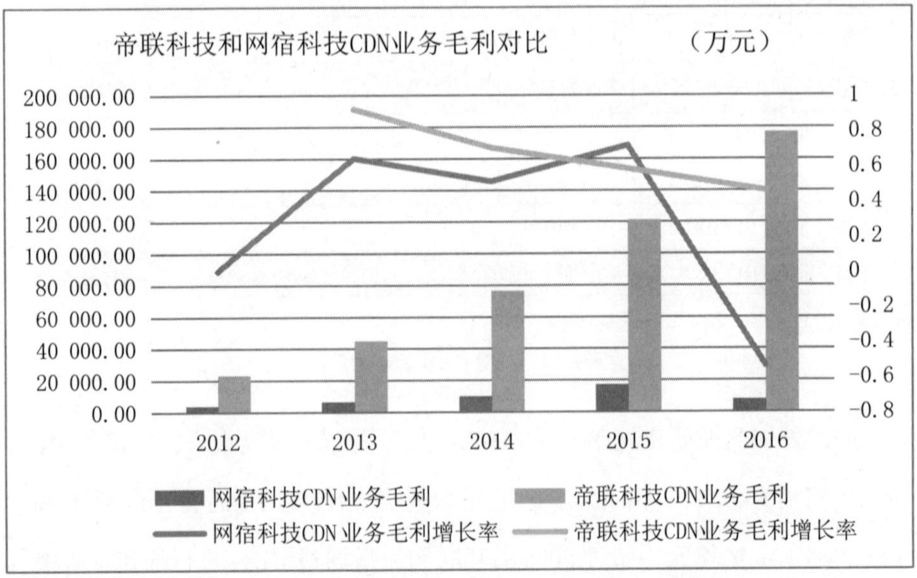

资料来源：Wind。

图 5-65　帝联科技和网宿科技的 CDN 业务毛利比较

（4）云巨头涉足 CDN：冲击很大，但不是末日噩耗

随着互联网巨头进军 CDN 市场，原有 CDN 厂商在市场份额和业绩表现上都受到很大的冲击，特别是“大玩家”的价格战，让 CDN 市场格局有所变化。对于阿里云、腾讯云等云服务公司来说，CDN 只是它们的一个分支业务，不是主营业务，且阿里云、腾讯云的 CDN 业务产品不是很成熟，因此非阿里系、非腾讯系的公司还有市场空间。但从云计算业务方面来说，网宿科技想从 BAT 手里抢夺市场份额也不是件容易的事情，网宿云业务正处于起步阶段，其占比还很小，需要在行业中找到业绩平衡点。

云服务公司打响了低价战术。2015 年 5 月，阿里云率先发起攻击——其宣布大幅下调旗下“极速 CDN”的产品价格，降价后的价格仅相当于网宿科技同类产品的三分之一；同月，腾讯云也宣布旗下 CDN 服务价格最高下调 25%。2015 年 6 月，迅雷旗下网心科技的星域 CDN 以 9 999 元 /G/ 月的定价将 CDN 彻底颠覆至透明冰点价，仅为市面主流价格的 1/4，超额兑现了价格“腰斩”的预测，并引发 CDN 厂商跟风降价。2016 年的亚太 CDN 峰会上，腾讯云提出“云 +CDN”，之后又以 0.01 元中标厦门市政务外网云服务项目。2017 年 3 月的云栖大会上，阿里云宣布完成对优酷 CDN 及视频云业务和团队的整合，并且宣布 CDN 业务降价 35%，流量单价最低只需 0.17 元 /GB，这是阿里云向全球同行正式宣战的信号。

BAT 巨头一方面完整经历了互联网企业的每个阶段，而且业务多元化，有相当多的 CDN 业务经验，其自建 CDN 有很强的竞争力；另一方面，BAT 这样的巨头客户，在商务合作中拥有极强的话语权，服务品质较高，技术实力很强。因此其对老牌 CDN 厂商的业务是一大冲击。

但原有 CDN 厂商起步早、建制早、铺点早、服务早、品牌知名度相对

较高，服务于众多大小客户，具有先发优势。经过十几年的经验积累，其几乎遇到过所有的网络状况，能满足不同阶段、不同规模、不同类型客户的个性化需求。它们可能比客户本身更了解客户，能根据经验判断客户下一个阶段，达到下一个量级的时候会遇到什么样的网络问题，提前预测并给出解决方案。原有 CDN 厂商还积累了客户的质量和评价等口碑。

CDN 行业属于技术驱动型产业，其关键技术主要有内容存储和分发技术，云服务公司虽有价格优势，但在 CDN 上的技术相对薄弱，暂时还不能取代 CDN 老牌厂商的地位。

（5）CDN 的竞争态势：竞争激烈度在下降

CDN 行业是一个强调规模效应的行业，需要依靠规模实现复用，从而实现盈利。通常来说，CDN 节点分布决定了整个传输网络覆盖的精细化程度，其中，节点的数量及质量，都是影响 CDN 企业服务能力和盈利能力的重要因素。降价，只是占领市场的方式之一，这种方式短期内最有效，最能抓住用户节省成本的心理，但是，长期来看，用户需要的是最好的体验和整体的服务。从全球来看，亚马逊推出 CDN 服务时也同样采取了降价策略来获取市场，但其并未冲击到阿卡迈这样的专业 CDN 公司的市场份额。

据 PRWeb 网站发布的 MicroMarketMonitor 相关报告，全球 CDN 市场规模预计从 2014 年的 37.034 亿美元增长到 2019 年的 121.637 亿美元，年复合增长率为 26.9%。

国内 CDN 服务提供者都给出了不同的计费模式：网宿科技提供包月流量套餐、超值套餐、包年套餐等十种套餐，还提供了流量计费和带宽计费，价格相对竞争对手有 20% 左右的溢价。阿里云 CDN 在价格方面提供了两种模式，一种是按照带宽阶梯计费，另一种是按照流量阶梯计费。腾讯云也有两种计费模式，价格相对阿里云较高。

表 5.15 展示了 CDN 服务商分类及优劣势对比。

表 5.15　CDN 服务商分类及优劣势对比

CDN 服务商	优势	劣势
专业 CDN 服务商	专注，易扩大规模；先发优势	受制于电信运营商带宽租用费用，带宽成本呈刚性，不能形成价格优势
提供 CDN 服务的 IDC 运营商	带宽资源优势，易于切入市场	需添置大量的服务器、网络设备及存储设备，投资成本高
电信运营商	拥有巨大带宽和网络优势 资本雄厚，有实力建设大规模 CDN 网络 品牌优势，下游客户资源丰富 已建成流媒体等专用CDN网络，在此基础上进行升级和改造可快速推出多种 CDN 业务	CDN 属于技术驱动型产业，技术储备较薄弱 跨网络运营问题较难解决 不是主业，缺乏运营经验和服务能力
自建 CDN	节约成本，可控性高	初期投资大；非核心业务；节点数少
国外 CDN 服务商	资金雄厚，具备技术、运营和服务能力 在国内开始建设节点	与国内一些 IDC 和 ISP 采取代理合作方式来销售服务，难以大规模开展业务 将域名解析权掌握在国外运营商手里存安全隐患
免费自助 CDN	免费提供 CDN 产品，专注于对网站运维技术的一站式解决	处于起步阶段，功能和服务能力较弱 对于 CDN 服务内容有限制，需备案

第四节　通信服务：网络规模增长拉动行业市场持续增长，服务外包化、市场集中化将成为趋势

通信网络技术服务行业隶属于电信服务业，服务内容贯穿于整个通信网络的建设过程，在运营商网络建设前、建设中及建设后提供不同的技术支持。通信网络技术服务企业的业务服务具体如图 5-66 所示。

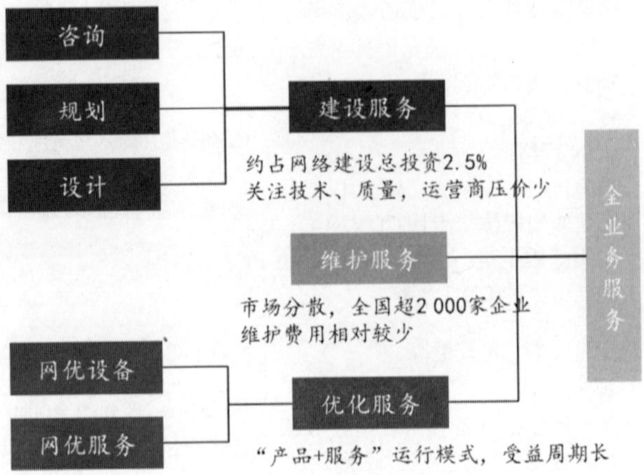

图 5-66　通信网络技术服务企业的业务服务

运营商网络规模扩大，通信服务市场规模持续扩大

最近几年，通信网络维护服务市场规模随着网络建设的不断积累而扩大，同时在激烈的市场竞争状况下，运营商越来越重视网络运行的质量，也造成了网络维护的投入不断加大。未来几年，网络维护服务将随着多制式、多功能、多网融合的下一代通信网络的发展而持续增长。通信网络优化服务代表着通信网络技术服务未来的发展趋势。随着通信网络容量增大，网络结构和环境需要不断优化；通信用户数量持续增加及通信多元化业务的需求不断提高，促使通信业务需求增多；通信网络在发展过程中面临着性能参数的

调整与优化等服务，使通信网络优化服务市场进一步增加。

国内第三方通信提供商数量众多，行业集中度较低，普遍规模较小，基本处于完全竞争状态。一般按服务区域可分为全国性网络测试服务提供商和区域性网络优化服务提供商。前者规模和服务区域相对较大，典型的代表如怡创科技、信科技股份有限公司、杭州华星创业通信技术股份有限公司，其处于行业领先地位；后者规模相对较小，受公司资源影响，服务区域一般局限于部分省市或地区。目前的通信服务市场已经趋近于充分竞争的市场。

网络规划设计最先受益于4G规模建设的开展，之后无线配套、无线主设备、网络覆盖优化、传输设备依次受益；在4G网络建设初具规模后，4G终端厂商也将进一步受益；而随着4G产业链的支持全方位地提升，信息服务相关企业将成为最大的赢家。通信服务市场目前的分布如图5-67所示。

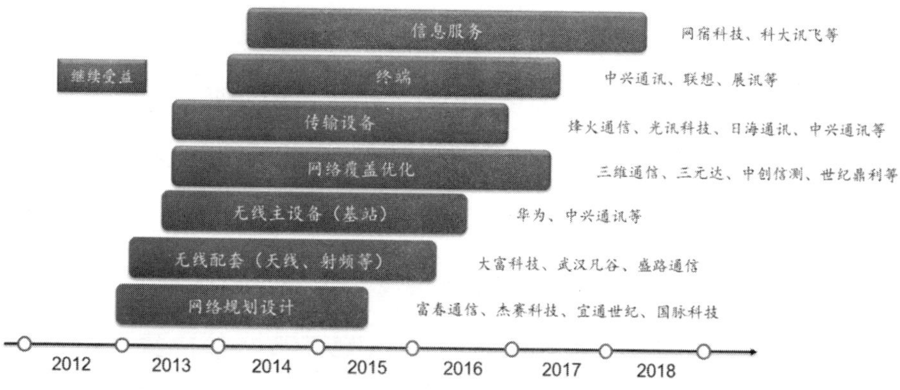

图5-67　通信服务市场分布情况

通信网络技术服务外包程度进一步增加

服务外包是国际通信运营商普遍采取的降低运营成本和提高运营效率的手段。通过服务外包，通信运营商可以从繁复的设备维护和技术细节中解脱出来，专注于核心业务的运营。由于运营商更趋向于提升其所处产业链节点的专注度，已经越来越偏向把网络优化、评估、代维和普查等工程服务外包，因此网络优化技术服务的市场容量将继续不断扩大。

发达国家从20世纪末开始逐步采用通信网络技术服务外包的商业模式。目前，通信网络技术服务外包已成为我国通信网络技术服务行业的趋势。伴随着全球通信竞争进一步加剧及我国运营商对无线网络（2G、3G、4G网络）、有线网络、宽带接入网络等进行战略部署，通信业务的专业化分工愈加明显。我国三大运营商将通信网络设计服务、通信网络工程服务等非核心业务外包委托给专业的第三方通信网络技术服务商的比例将越来越高。

行业集中度将逐步提高

在市场化程度不断提高、竞争不断加剧的环境下，专业化、一体化的通信网络技术服务商在经营业绩、资本实力、技术研发能力、营销渠道上将越来越占有优势地位。同时，运营商也更趋向于与具有稳定服务能力、优秀服务质量、资本实力雄厚和综合竞争力强的服务商建立长期合作关系。实力不足的企业将在竞争中被市场淘汰，行业内具有竞争优势的企业将获得更大的市场份额，行业集中度将逐步提高。

第五节　北斗导航：芯片终端成熟，政策与应用驱动下运营服务成为发展主体

1. 我国北斗导航的发展现状

北斗导航的发展经历了三个阶段：第一个阶段是试验阶段，2000 年建成北斗卫星导航试验系统，使中国成为世界上第三个拥有自主卫星导航系统的国家；第二个阶段是亚太覆盖阶段，2012 年我国建成覆盖亚太区域的北斗卫星导航定位系统，卫星数量超过 10 颗；第三个阶段是全球覆盖阶段，2020 年我国将建成由 5 颗静止轨道和 30 颗非静止轨道卫星组网而成的全球卫星导航系统。

目前，北斗导航系统进入全球组网阶段，预计 2018 年左右就将完成覆盖全球的系统建设目标，巨大的市场前景吸引着众多企业进军北斗产业。

2. 政策、资本利好集中，产业进入发展“黄金期”

北斗卫星导航系统是继美国的 GPS、俄罗斯的格洛纳斯卫星导航系统之后，第三个成熟的导航系统。

据 2016 年 6 月发布的《中国北斗卫星导航系统》白皮书指出，北斗系统计划 2018 年，面向“一带一路”沿线及周边国家提供基本服务；2020 年前后，完成 35 颗卫星发射组网，为全球用户提供服务。北斗卫星导航作为国家重大空间信息基础设施迎来产业发展“黄金期”。

国家政策高度鼓励国家重大空间信息基础设施建设

我国政府高度重视北斗系统发展，将北斗系统列为科技重大专项，支撑国家创新发展战略。2016 年，国家将北斗系统与“一带一路”“信息化发展”等战略深度融合，出台了《中国对阿拉伯国家政策文件》《国家信息化发展战略纲要》等，让作为国家重要空间基础设施的北斗系统，更好地为国家政

治、经济、外交服务。

国家发改委、交通部、住建部、工信部等国家部委相继出台了北斗系统应用与产业化政策，以国家力量助推北斗系统发展的同时，也为北斗系统更好地深入各行业应用提供了政策指导与保障。

北京、黑龙江、河南、湖北、湖南、安徽、福建等省也出台了各种北斗应用与产业化政策。各地相关政策更加贴合当地的实际需求，对于北斗产业的规划更加细致。北斗系统被视为各地经济发展的重要动力，将服务各地的工业生产与人民生活。

军工信息化快速推进，北斗导航必不可缺

国防安全的考量是世界各国发展自有卫星导航的第一推动力，摆脱对美国 GPS 的依赖，发展自有卫星定位、授时、导航、通信等系统是各国国防、安全生产等多领域的迫切需求。

世界军用导航设备市场预测产值如图 5-68 所示。

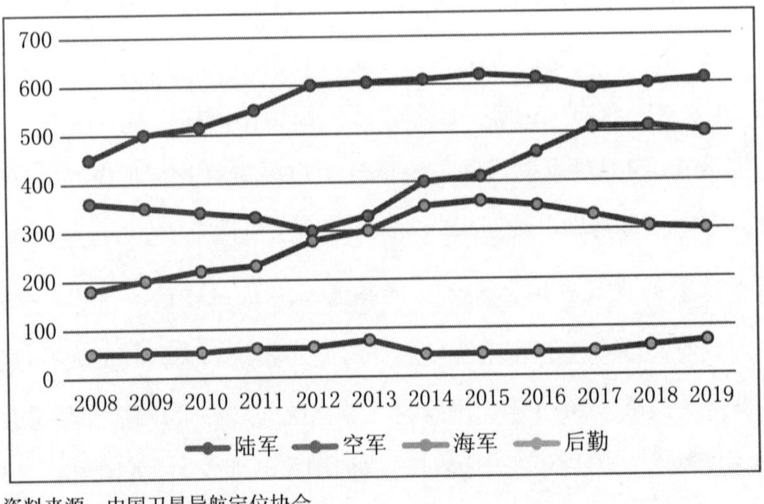

资料来源：中国卫星导航定位协会。

图 5-68　世界军用导航设备市场预测产值（百万美元）

军民融合上升为国家战略，北斗成为融合典型

军民融合一方面有助于军用成果在民用领域的推广应用，另一方面有助于降低民营企业进入国防军工领域的门槛。2016 年 3 月国防科工局印发了《2016 年国防科工局军民融合专项行动计划》，军民融合进入实施阶段，而北斗导航是军民融合的典型，其发展呈现了军民两用齐头并进的趋势。目前北斗系统精度不断提高，北斗导航在军用市场全面列装已经可以预见。民用领域推广目前处在行业应用重点推广阶段，各个省、市不断出台相关文件推动北斗导航行业应用重要项目建设。

军民融合已上升为国家战略。寓军于民（分担国防支出，提升动员能力）、以民促军（提升军品研制效率，降低成本）和以军带民（军用技术民用化，助力国民经济建设）是推进军民融合的三大路径。“军转民”和“民参军”构成军民融合的两大产业模式，有望优势互补，合力打造万亿市场，而北斗导航产业作为军民融合的典型，无疑将在军民融合政策落地进程中加速发展。

北斗导航系统产业生态的构建将成为北斗导航全球发展的重心，区别于北斗导航二代重点支撑军工需求对产业生态构建需求不高的特点，全球化北斗导航的实现必将着重于产业链体系的构建。尤其在行业和民用北斗导航应用方面，构建完善的产业生态体系将是助推北斗导航系统走向全球应用的关键。我们认为，在即将全面部署全球覆盖卫星的时点上，全方位提出大力支撑北斗产业生态的政策十分必要，未来国家支持政策有望进一步加码，行业将迎来十年机遇。

3.“一带一路”，北斗导航加速服务全球

北斗导航立项之初，便已规划了“三步走”战略。当前行业处于由亚太

区域向全球定位扩展的关键时期，北斗导航产业规模存在巨大的发展空间。

与美国及日本的卫星导航系统发展相比，我国的北斗导航正处于快速完善系统、抢占应用市场的爆发时期。

2012 年 12 月底，北斗导航系统正式向亚太地区提供导航服务，随后中国与文莱、巴基斯坦、老挝、泰国、澳大利亚就北斗落地展开合作。随着国际影响力的提高，北斗导航产业在国门之外将有更广泛的应用可能。北斗导航国际化路径如图 5-69 所示。

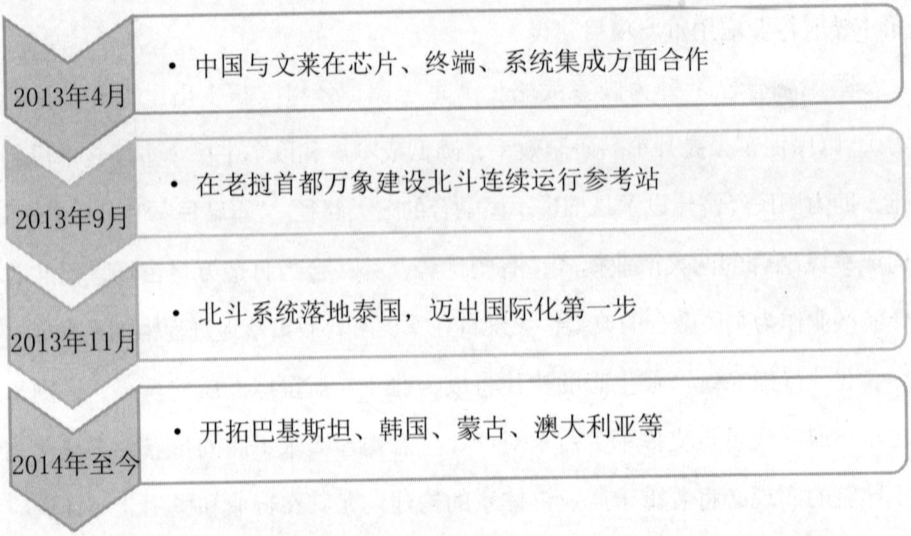

资料来源：中国卫星导航定位协会。

图 5-69　北斗导航国际化路径

资本频繁运作推动产业深度融合，企业频繁收购促使产业快速整合

近年来，产业内外投资收购非常活跃。业内龙头企业通过投资收购，或者补强自身业务上的短板，或者开拓发展新方向，向产业链的上下游延伸，进一步完善产品系列，拓展销售渠道，扩大市场份额，在新领域扩大影响力，实现增强企业综合竞争力的目的，具体如图 5-70 所示。

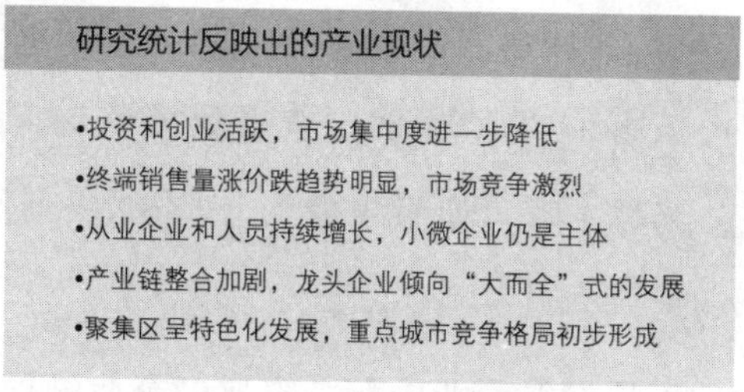

资料来源：中国卫星导航定位协会。

图 5-70　北斗导航产业现状

近年来我国卫星导航产业并购情况如图 5-71 所示。

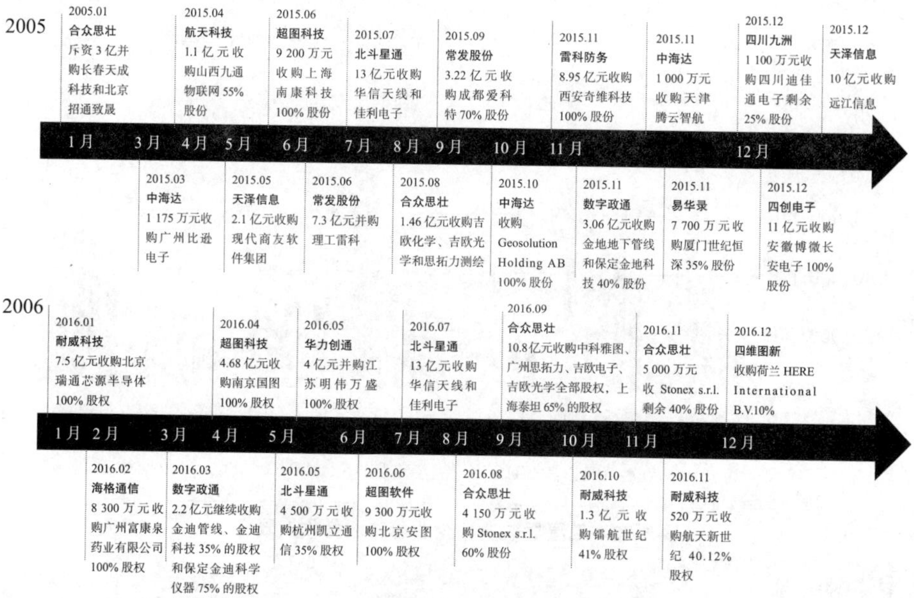

图 5-71　近年卫星导航产业并购情况

上市公司财务表现良好，北斗导航进入高速成长期

在相关政策的扶持下，北斗卫星导航产业正处于高速发展期。据 Wind 统计数据披露，2016 年，在 A 股 20 家卫星导航产业链上市公司中，有 2 家公司因上市时间过短暂未披露年报、预告（多伦科技、华测导航）予以剔

除；有 11 家公司披露了 2016 年年报，业绩向好公司达 9 家，仅有 2 家业绩略减；另有 7 家公司披露了 2016 年前三季度业绩预告，预喜公司 5 家（预增 1 家、略增 2 家、续盈 1 家、扭亏 1 家），仅有 2 家业绩略减，行业基本面整体向好。

如图 5-72 所示，卫星导航行业内有 7 家典型企业的导航业务收入实现了快速增长，这充分反映了行业的高速成长。

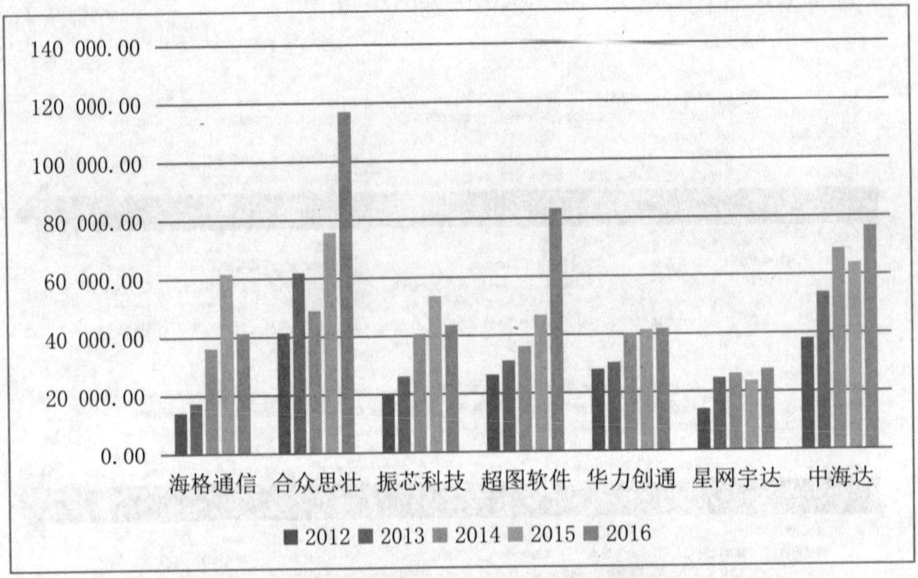

图 5-72　卫星导航典型企业导航业务收入概况

4. 产业链趋于成熟，下游地位逐渐凸显

上游全面配套，中游初具规模，下游初步应用

北斗导航产业链涉及空间卫星、地面系统、终端设备以及运营服务等多个环节。北斗导航系统的基础设施建设主要由国家负责投资，在相关基础设施建成后，市场主体积极参与包括基础产品、终端设备、系统集成和运营服

务等主要的产业环节。北斗导航产业链结构如图 5-73 所示。

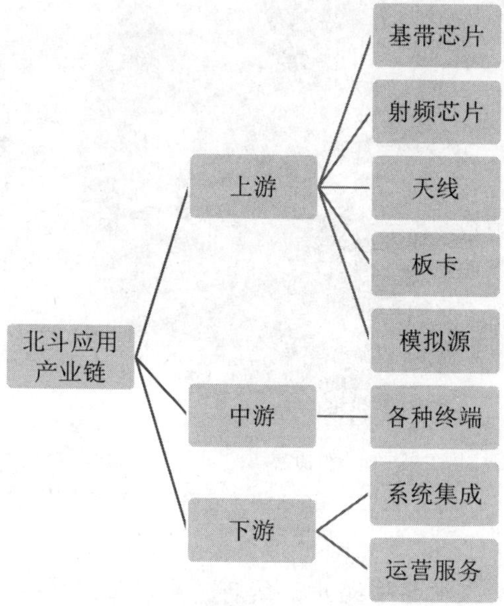

资料来源：中国卫星导航定位协会。

图 5-73　北斗导航产业链结构

北斗导航产业链包括基础器件、基础软件、基础数据、终端集成、系统集成、运营服务等主要环节。其中，基础器件位于产业链上游，是整个产业发展的基础，是终端集成、系统集成等环节的重要支撑。终端设备承载卫星导航定位功能，关系到用户体验，是产业发展水平的重要体现。运营服务是产业实现可持续发展的最重要手段，是未来时空服务发展的根本依托。2015 年北斗产业各环节产值占比如图 5-74 所示。

虽然我国导航产业发展刚刚起步，而且主要集中在附加值较低的产业中游，但在政策东风的助力下，北斗产业将迎来快速成长期，目前参与企业正在各个环节积极布局，产业链上下游将趋于成熟。

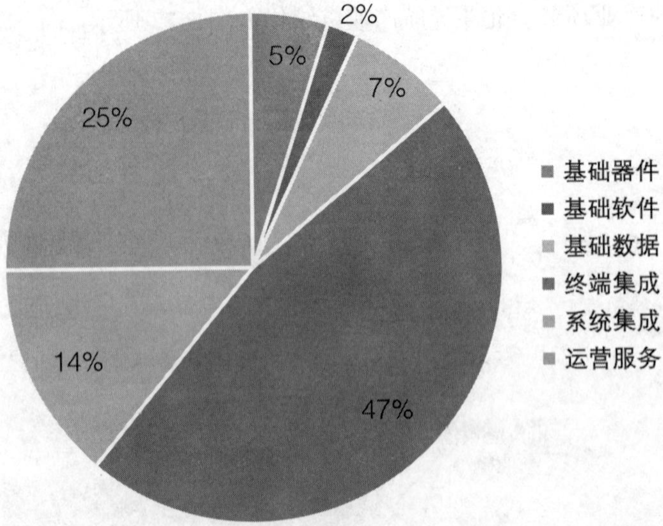

资料来源：中国卫星导航定位协会。

图 5-74　2015 年北斗产业各环节产值占比

下游运营服务占比逐年提升，预期成为产业主体

从 2012 年到 2015 年，产业链上游和中游的产值占比总体呈下降趋势，产业下游的产值占比呈现增长态势。从具体统计分析来看，细分产业链环节发展呈现的特点和趋势有所不同，如图 5-75 所示。

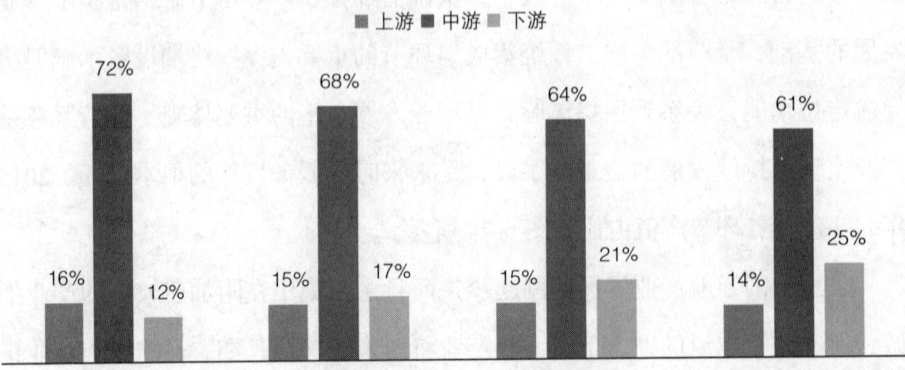

图 5-75　北斗导航产业结构变化

在运营服务环节，从2012年到2015年，随着卫星导航领域的不断拓展，各种基于位置的导航服务、定位服务、信息服务、数据服务、监测服务、监控服务等如雨后春笋般涌现出来。各地区北斗位置服务运营型平台建设风起云涌，全国性的综合服务运营商也开始出现。得益于移动互联网迅猛发展，位置服务业务正逐步成为移动互联网商积极竞争的重点领域，其大规模的投资布局和新兴业务模式的发展，直接带动了卫星导航与位置服务产业链下游运营服务环节的产值快速增长，其增速超越产业链其他环节。

目前卫星导航与位置服务产业链下游环节在持续增长，从2016年的数据来看，其产值占到整个产值的31%。2016年，我国卫星导航与位置服务产业总体产值首次突破2 000亿元大关，达到了2 118亿元，其31%来源于下游的服务，包括一部分营销服务。

下游的增长如何实现？预计在未来五六年，交通系统的车辆将全部开始使用北斗，交通行业将达到四五百万的终端应用规模。摩拜早期的定位方案采用的是GPS芯片，但未来有可能会迅速采用大批北斗芯片，为北斗带来可观的规模量；同时，2017年4月，ofo小黄车与北斗导航达成战略合作，由北斗导航为ofo小黄车特制研发拥有全球卫星导航定位技术的北斗智能锁，这标志着单车行业北斗应用的起步。

未来，共享车位等各种物联网应用系统会迅速为北斗产业带来规模量。但在规模量增加的同时，终端厂商的收益曲线会下降。虽然规模量扩大，但是利润摊薄了。以前，终端企业可能做20万的量，现在突然需要做200万的量，其需要扩大厂房，需要扩大招工，需要扩大产品的成本，成本曲线极度上升，在产品成本和产品利润不成正比的时候，其会达到一个顶点，在这个顶点企业是亏损的，企业不会因为规模扩大而增加收入。

根据近年产业链结构的变动情况，我们预期未来几年运营服务将是产业的主要利润增长点，到 2020 年市场贡献率有望达到 50%。

5. 北斗导航投资逻辑

中国卫星导航产业整体规模稳步攀升，目前北斗贡献率约 30%。据统计，2010 年中国卫星导航产业总产值 700 亿元，而 2015 年产业规模超过 1 700 亿元，其中北斗产值 2010 年仅 15 亿元，2015 年约 570 亿元，5 年增长近 40 倍。北斗产业的贡献率超过 30%，其中在精准行业、地理信息和基础设施领域，北斗产业贡献率已经占到半数。据《国家卫星导航产业中长期发展规划》，2020 年我国卫星导航产业规模将超过 4 000 亿元，其中北斗卫星导航系统在应用市场的贡献率将达到 60%，重要应用领域达到 80% 以上。可以看到，我国的卫星导航与位置服务产业已进入快速发展的通道，而自主研发的北斗系统及相关产业更是取得爆发式的增长并迅速占领市场，未来发展前景广阔。图 5-76 展示了北斗导航发展阶段。

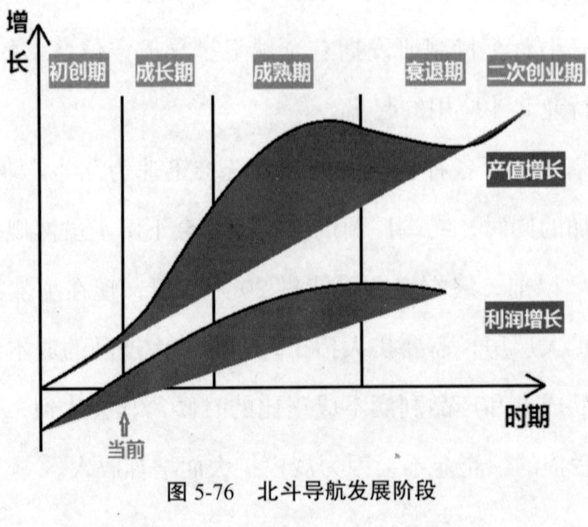

图 5-76　北斗导航发展阶段

分环节来看，芯片和运营服务的主板参与者 2015 年营收均值分别达到 25.64 亿元和 23.31 亿元，两者的体量远高于其他产业链环节，因此我们认为，目前北斗产业中芯片和运营服务的市场空间最大。而 GIS 系统软件环节 2015 年的同比增长率和毛利率要远高于整体水平，分别达到 43.86% 和 54.52%，具备较强的成长性和盈利能力，我们判断北斗产业运营将会是未来资本市场最为看好的细分领域。

第六节　专网通信：宽窄带融合发展，市场规模有望持续扩大，宽带市场新进入者实力强大

专网通信指在一些行业、部门或单位内部，为满足其进行组织管理、安全生产、调度指挥等需要所建设的通信网络，常为政府与公共安全、公用事业和工商业等提供应急通信、指挥调度、日常工作通信等服务。专网通信与公网通信的对比如表 5.16 所示。

表 5.16　专网通信与公网通信的对比

	专网通信	公网通信
服务对象	对指挥调度要求高的铁道、交通、民航、水利、电力、工矿、油田、农场、港口、轻轨和地铁、公检、司法、安全、海关以及军队等部门	社会大众
网络结构	单独组网 / 无网络	大容量、全网互联 / 漫游
通话方式	单工 / 半双工，两个用户占用一个信道，这意味着相同信道可容纳更多的用户	全双工，一个用户一个信道
工作频率	频谱资源宝贵，信号覆盖面积大，衰减小，大区或小区覆盖	频谱较为充足，但信号容易衰减，小区覆盖
指挥调度	可组呼、广播、紧急呼叫，并分配优先级	无
呼叫建立	2~10s	接通时间短，小于 0.3s
设备性能	优先保证可用性，防水、防尘、防爆、防震	无

纵观专网通信的发展历程，从 20 世纪 50 年代—60 年代的常规对讲机，20 世纪 70 年代—80 年代的无线拨号系统，20 世纪 80 年代—90 年代的模拟集群移动通信系统，20 世纪 90 年代以后的数字集群移动通信系统到未来的宽窄带集群融合组网，我们可以发现原有的窄带集群系统以及基于 GPS 的定位功能已经不能适应现有场景，专网通信基于 LTE 和北斗导航技术的演进已经是大势所趋，如图 5-77 所示。

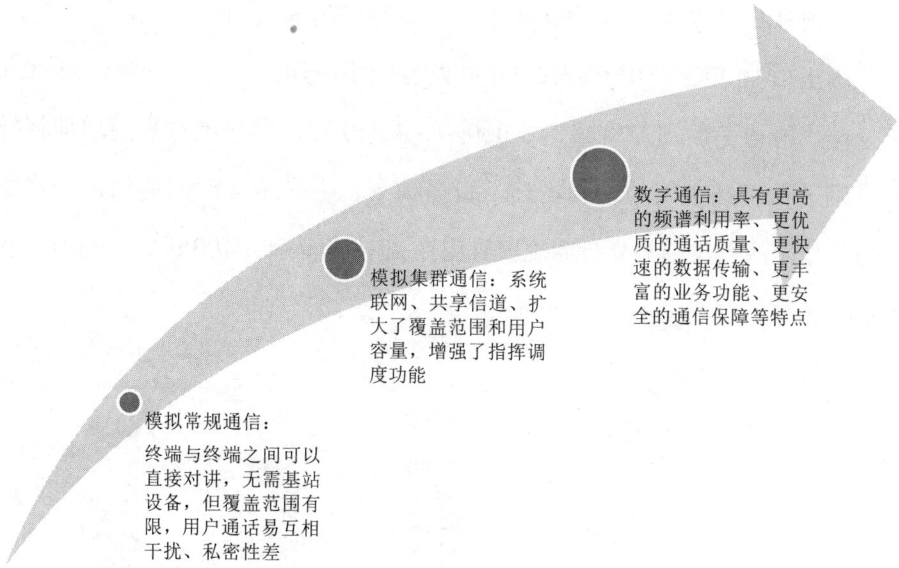

图 5-77 专网通信发展历程

2014 年，专网通信在全球市场的规模（见图 5-78）为 878 亿元，摩托罗拉占比 50%；而我国专网设备市场约 200 亿元，专网运营市场规模可达 180 亿元。

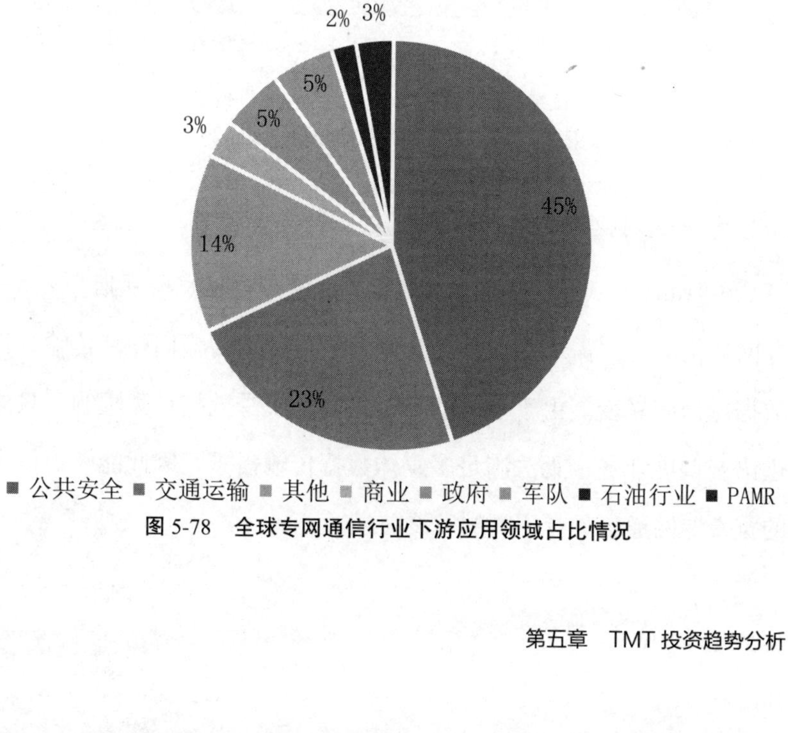

图 5-78 全球专网通信行业下游应用领域占比情况

国内外市场需求旺盛，专网通信行业持续增长

截至 2010 年，全球有超过 2 200 万专网集群用户。根据预测，到 2020 年全球集群通信的用户将到达 3 000 万 ~4 000 万，用户绝对量的增加将推动专网通信市场空间的持续增长。根据预测，未来全球专网通信市场将继续保持稳定的增长趋势，行业规模有望在 2018 年达到 1 100 亿元，如图 5-79 所示。

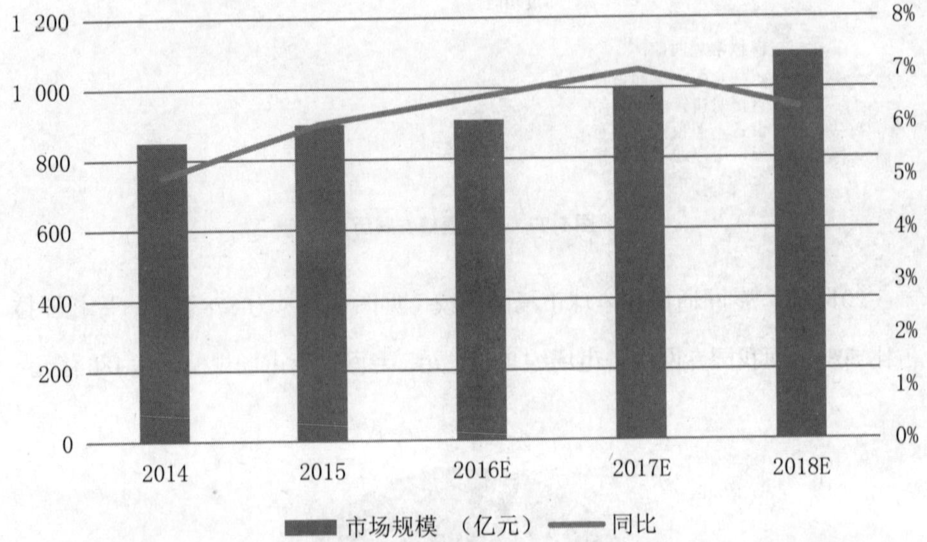

图 5-79　全球专网通信市场规模及预测

LTE 宽带专网快速发展，带动行业长期投资增长

（1）B-Trunc 和 3GPP 两大标准的落地，宽带专网成长可期

专网通信的用户需求逐渐从语音调度、短数据传输向图片传输、视频传输和数据库访问转变。由于现有的窄带集群系统受数据带宽限制，只能为用户提供语音调度业务，无法满足多媒体数据传输需求，因此能够提供多元化服务的宽带专网通信具有广阔的发展前景。

（2）窄带和宽带渐进性的融合是行业发展共识

全球主要国家都已经建立了宽窄带融合的公共安全专网通信建设方案。美国于2010年发表《国家宽带计划》和《全国无线行动计划》，确定形成P25+LTE的国家公共安全移动通信专网；欧盟也已经确定TETRA+LTE的公共安全宽带集群技术发展路线；我国也发布了相关文件，建设中国安全无线专网。

曾有公网设备商针对公安等专网行业推出LTE宽带集群解决方案切入市场，然而效果并不尽如人意。原因在于，公安等专业用户对关键语音的需求是硬性的，超低延迟语音呼叫、网络优先级、安全性等特点是公网所不具备且难以替代的。宽带化是大势所趋，但在当前及未来几年，窄带网络的核心地位难以动摇。

（3）公网巨头加入市场竞争，未来不确定性增强

设备商是专网通信链条中最重要的一环，为整个行业提供基础网络设备和基本类型的终端。专网宽带化将挖掘行业市场的巨大潜力，吸引了公网设备商纷纷加大参与力度。中兴早在2012年就成立了独立子公司中兴高达，面向公安等六大行业集群市场。一些公网设备商如爱立信，也通过OEM（定点生产）等形式成为专网通信领域的“玩家”。如果仅从技术先进性看，公网设备商毫无疑问具有压倒性优势。

实力强劲的公网设备商在宽窄融合技术层面更容易取得突破，问题在于公网设备商的重心在电信市场，此外同时面向数十个具有相当规模的细分市场，必须考虑投入产出比。专网设备商则没有退路，只能紧紧把握传统优势，谋取宽带技术的相对优势。

我国涉及专网通信业务的主要公司如表5.17所示。

表 5.17 我国涉及专网通信业务的主要公司

公司	简介
海能达	国内专网设备龙头公司，市场份额第一，国内 PDT 标准制定主导方；产品销量和覆盖范围全球排名第二；2015 年，实现销售收入 25 亿元，净利润 2.5 亿元，其中海外收入占比达 60%
海格通信	我国军用无线通信、导航领域最大的整机供应商，PDT 相关公司
东方通信	业务涵盖金融电子、无线集群通信、通信增值业务、电子制造与网络服务等领域，PDT 相关公司
佳讯飞鸿	深耕指挥调度行业 20 年，是国内最大的专业指挥调度通信产品提供商之一
新海宜	量子通信的军工专网应用，2015 年军工专网收入 9 亿元，同比增 300%
齐星铁塔	北讯电信借壳，LTE 宽带专网运营，拥有 11 个省政府专网运营资质
航天通信	唯一一家拥有导弹总装系统的上市公司，公安专网排在第二梯队

第六章

TMT 投资热点聚焦

第一节　大数据：行业生态基础

（1）基本情况

麦肯锡将大数据定义为：一种规模大到在获取、存储、管理、分析方面大大超出了传统数据库软件工具能力范围的数据集合，具有海量的数据规模、快速的数据流转、多样的数据类型和价值密度低四大特征。

大数据的特点包括四个方面（4V）：大量（Volume）、多样（Variety）、价值密度低（Value）、快速（Velocity），其价值如图 6-1 所示。

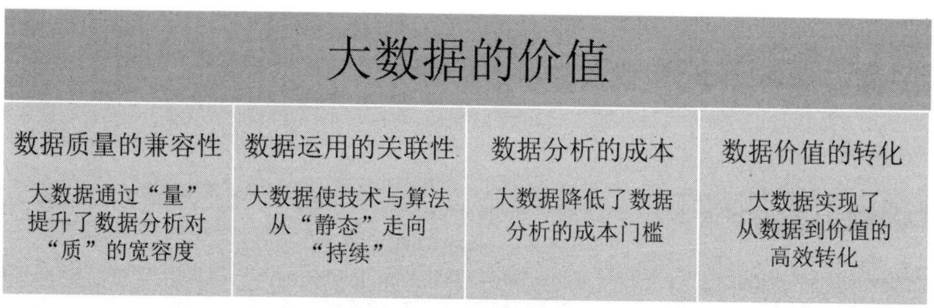

图 6-1　大数据的特点

大数据处理需要在传统的“数据—应用”这一流程加上“数据管理”这一步骤，处理大数据必须依托云计算的分布式处理、分布式数据库和云存储、虚拟化技术。具体步骤如图 6-2 所示。

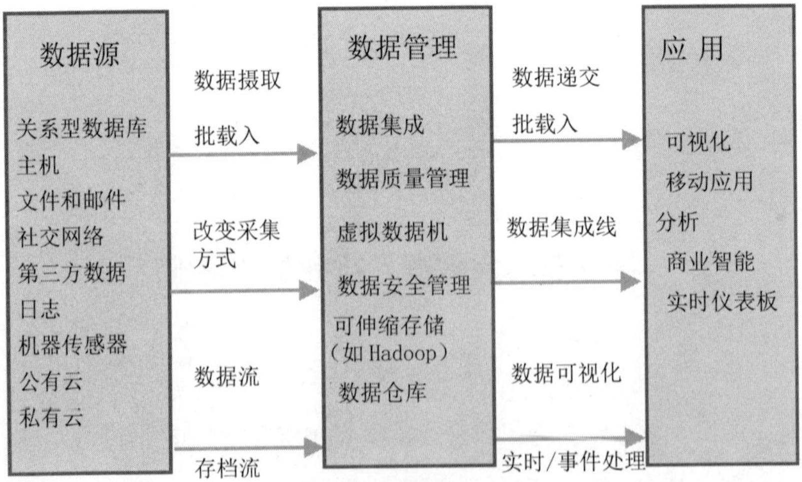

图 6-2　大数据处理步骤

（2）大数据产业链

大数据产业链如图 6-3 所示。

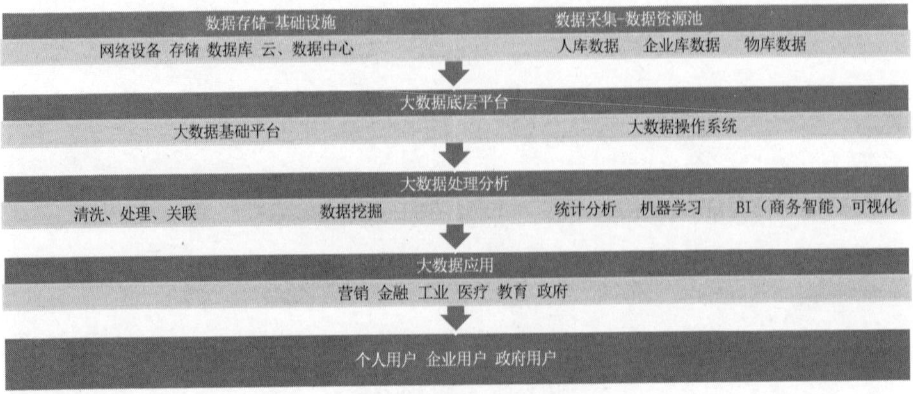

图 6-3　大数据产业链

（3）大数据的现状

一方面，我们来看全球市场的现状。从全球数据量规模以及全球大数据市场规模来看，据 IDC 预测，未来全球数据总量增长率将维持在 50% 左右，到2020年全球数据总量将达到40ZB，其中，我国将达到8.6ZB，占全球的21%；IDC预测，2014—2019年全球大数据市场规模复合增速为23.1%，其中服务层复合增速22.7%，软件层复合增速26.2%，基础设施层复合增速21.7%。

另一方面，我们来看国内大数据的发展情况。国内大数据市场的发展经历了四个阶段，即探索期、市场启动期、高速发展期以及应用成熟期（见图6-4）。

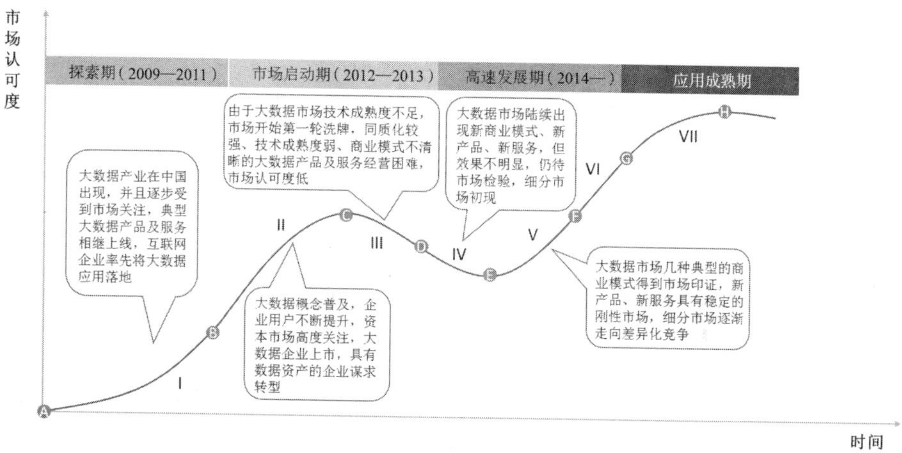

图6-4 国内大数据市场发展历程

2015年，中国大数据产业市场规模达到1 692亿元，同比增长63.1%。预计到2020年中国大数据产业市场规模将达到13 626亿元，2016—2020年的复合增长率将为51.8%。2015年，中国大数据应用市场规模为220亿元，同比增长76.7%，仅占大数据产业市场总规模的13%左右。预计2020年，大数据应用市场规模将达到5 450亿元，市场份额或将达到40%，2016—2020年的复合增速将为90.0%，具体如图6-5所示。

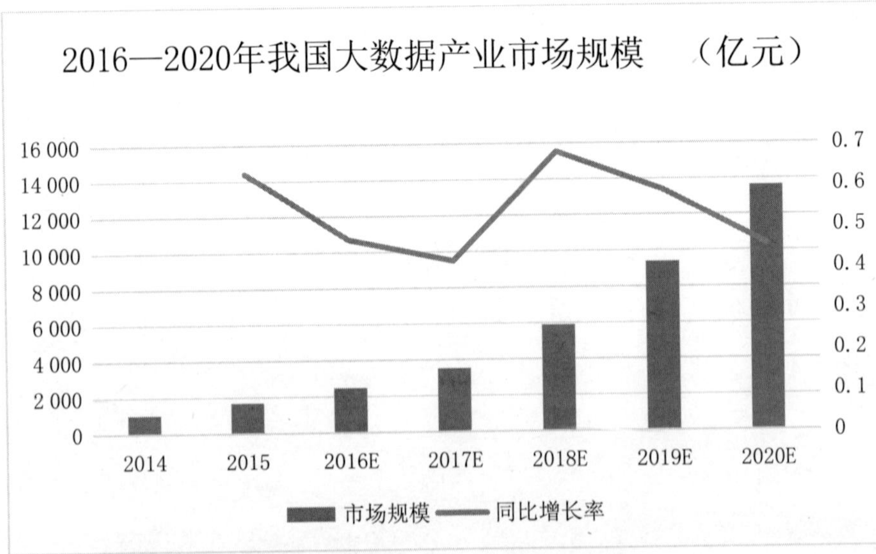

图 6-5 我国大数据产业市场规模及增长率

国内涉及大数据业务的公司如表 6.1 所示。

表 6.1 国内大数据公司

产业链环节	主要公司
数据源	电信运营商、百度、腾讯、阿里
大数据采集	华胜天成、用友软件
大数据存储	忆恒创源、永洪科技、百度、华胜天成、拓尔思、东方国信、博彦科技
大数据处理平台	百度、阿里、腾讯
大数据处理分析	天地超云、联想、永洪科技、东方国信、百度、天源迪科、亿赞普
大数据应用	百度、阿里、腾讯、云端时代、华胜天成、灵玖软件、天云融创、品友互动
大数据安全服务	蓝盾、启明星辰、奇虎

第二节　云计算：智能社会基础设施

（1）基本情况

随着分布式计算、并行计算、虚拟化技术的成熟，网络、服务器、存储、应用软件和服务等都实现了虚拟化，云计算应运而生，云计算的发展如图 6-6 所示。

云计算将原本运行在计算机或服务器的数据处理转移到互联网上大量的分布式计算机资源池中，各种应用或服务可以按照需要获取相应的计算能力、存储空间和部署软件等。

云计算有以下特点：超大规模、虚拟化、高可靠性、通用性、高可扩展性、按需服务、极其廉价、潜在的危险性（见图 6-7）。

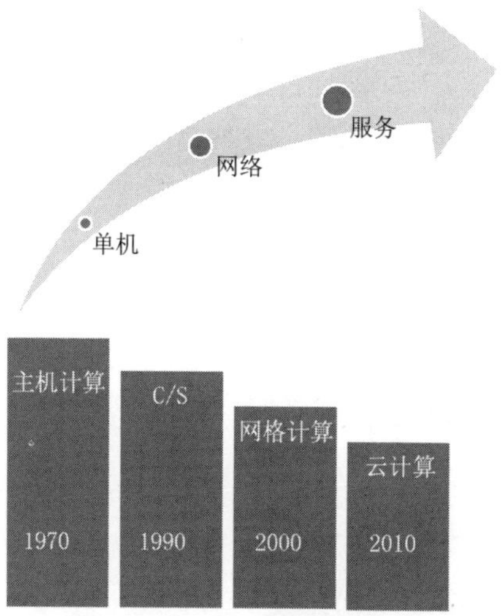

图 6-6　云计算的发展

图 6-7　云计算的特点

（2）云计算架构和服务模式

云计算包括三个层次的服务（见图 6-8）即基础设施即服务（IaaS），平台即服务（PaaS）和软件即服务（SaaS）。

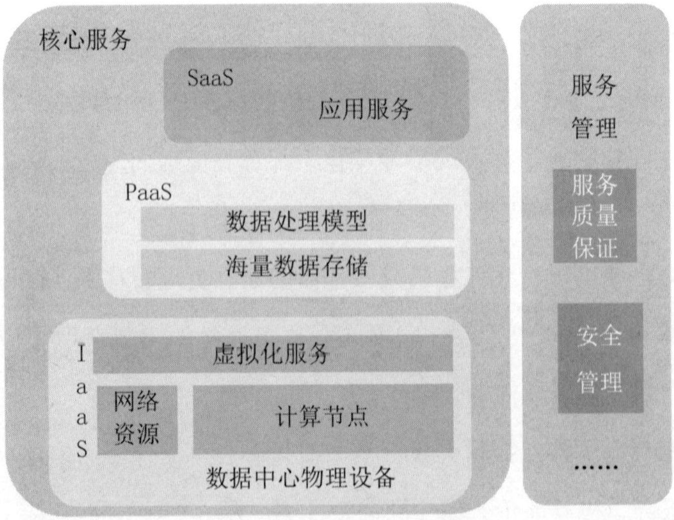

资料来源：万方数据，长江证券研究所，2006年《云计算深度专题之一——概述篇 腾云而至，“计算”成为基础资料迎来普及》。

图 6-8 云计算的服务层次

此外，根据2015—2016年受访者对云的使用情况（见图6-9），按用户是否拥有云计算资源，可将服务模式分为公有云和私有云。

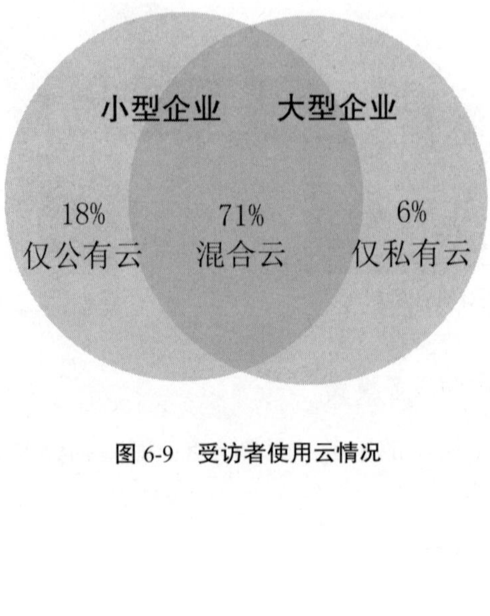

资料来源：RightScale。

图 6-9 受访者使用云情况

（3）云计算产业链、商业模式以及代表公司

云计算的产业链如图 6-10 所示。

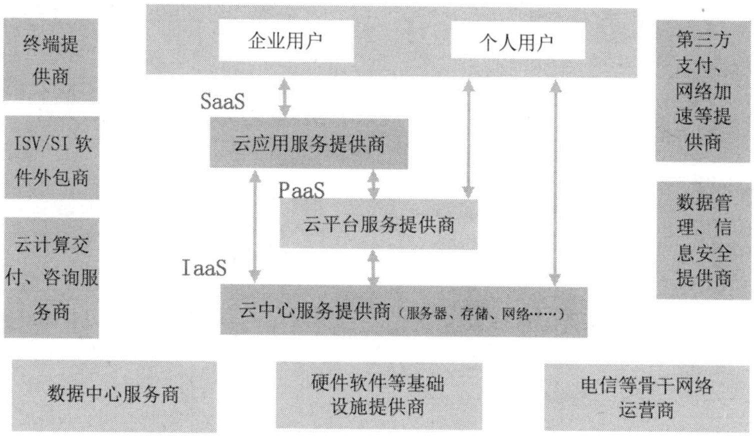

图 6-10　云计算产业链

云计算商业链的主体包括云设备提供商、云系统构建商、云应用开发商、云服务运营商、云服务部署商以及云服务转售商，具体如图 6-11 所示。

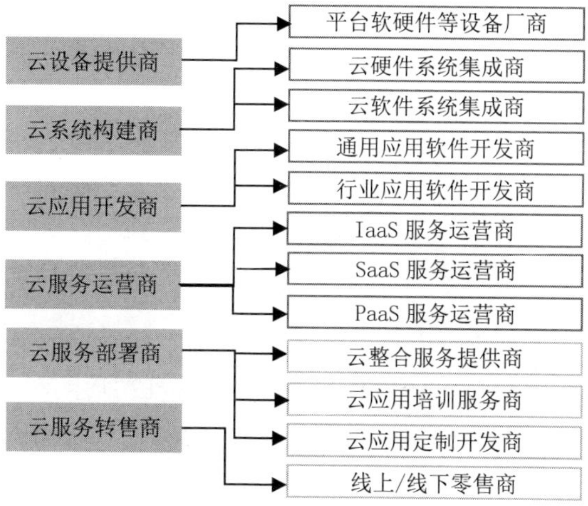

资料来源：惕诺咨询。

图 6-11　云计算产业链主体

云计算的代表公司及商业模式如表 6.2 所示。

表 6.2　云计算代表公司及商业模式

角色定位	业务	商业模式	代表公司
云设备提供商	为云计算系统提供各种软硬件设备的生产厂商，包括服务器、存储设备、网络产品、机房设备、数据库、操作系统等产品	以传统的产品销售作为稳定的盈利来源，基本上向公有云以及私有云平台提供软硬件设备及软件	国外的 EMC、VMware、IBM、惠普、思科等，国内联想、浪潮信息、中科曙光、同有科技、太极股份、方正科技、长城电脑、中兴、华胜天成、华东电脑、华为等
云系统构建商	也称为云系统集成商，将软硬件设施相连接，提供云计算平台建设的解决方案	与软硬件厂商及云应用开发商合作，帮助云服务商搭建完备的面向企业的云服务或企业个人的云服务	中科曙光、华胜天成、太极股份、东软集团、浪潮信息、太极集团、神州信息、荣之联、中国软件、东华软件、浪潮软件、华为等
云应用开发商	为云应用服务商开发及提供云计算应用软件和解决方案。分为通用应用软件开发商和行业应用软件开发商	与云服务商合作提供面向企业的服务或企业个人的通用服务，使用户享用到软件和维护服务，享用软件的使用权和升级服务	开发通用软件的微软、用友、金碟等，开发行业应用的如宇信易诚、东软集团、太极股份、拓尔思、思创医慧、万达信息、天矶科技、汉得信息、三五互联、同方股份等
云服务运营商	为大量用户提供公有云服务的企业	依托 IDC 云平台为支撑，通过与平台提供商合作建设 IaaS、PaaS 和 SaaS 平台，为开发、测试提供应用环境，提供给客户需要的云平台，运营并维护云平台	阿里、腾讯、金山、微软、用友、金碟、电信运营商、鹏博士、网宿科技、世纪互联等

（4）云计算的发展现状及趋势

一方面，从全球云计算发展现状及趋势来看，高德纳预测其市场规模到 2019 年有望达到 3 120 亿美元，其中 IaaS+PaaS 规模合计将达到 560 亿美元，年复合增速超 30%。全球云计算市场规模如图 6-12 所示。

IDC 预测，2020 年，云环境 IT 基础设施开支的年复合增长率（CAGR）将达到 13.1%，规模至 595 亿美元。其中公有云和私有云 IT 基础设施开支年复合增速为 18.8% 和 10.3%，具体如图 6-13 所示。

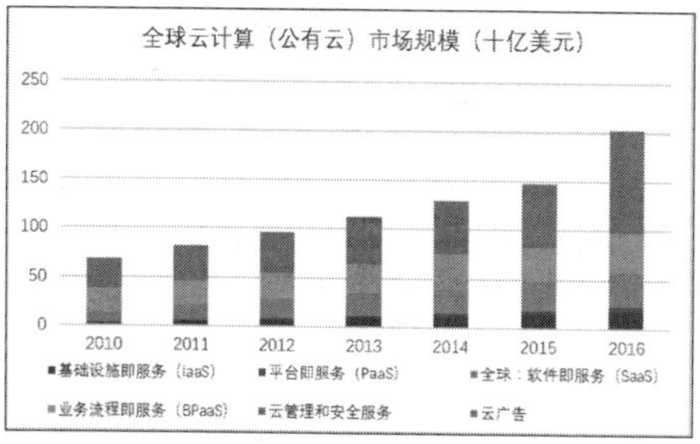

资料来源：Gartner。

图 6-12　全球云计算（公有云）市场规模

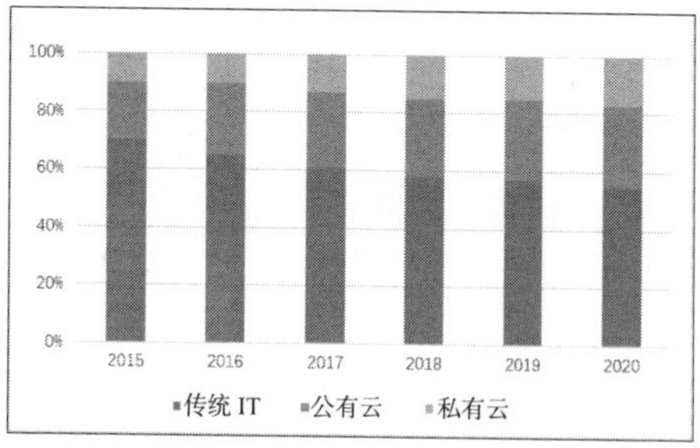

资料来源：IDC。

图 6-13　全球云 IT 基础设施市场预测

全球云计算市场竞争格局主要分为三大块，如图 6-14 所示。

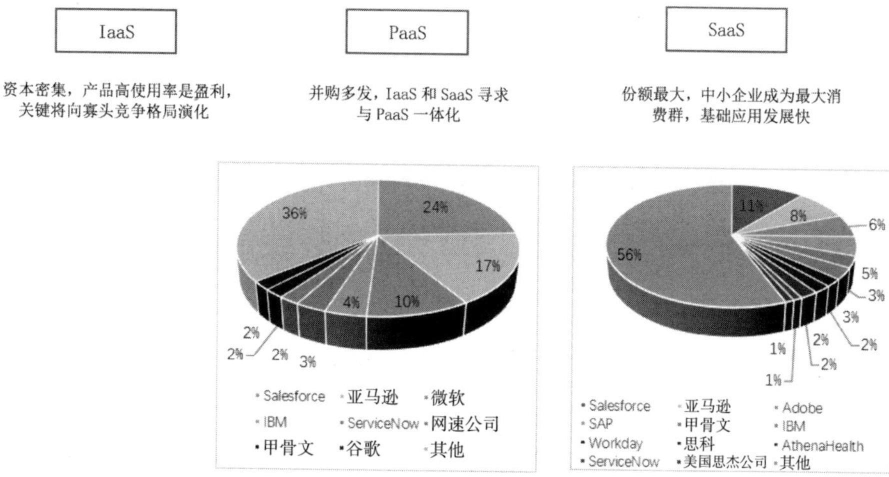

图 6-14　全球云计算市场竞争格局

目前我国云计算规模尚小，但保持着 50% 以上的年增速；IaaS 的提供者主要有电信运营商、IDC 厂商以及系统集成厂商，PaaS 服务尚处于试验阶段，SaaS 提供服务种类丰富，市场较为分散；总体已走过从 0 到 1 的阶段，将进入从 1 到 N 阶段。

中美云计算发展对比如图 6-15 所示，国内云计算市场规模及增速如图 6-16 所示，我国云计算产业相关的主流厂商如图 6-17 所示。

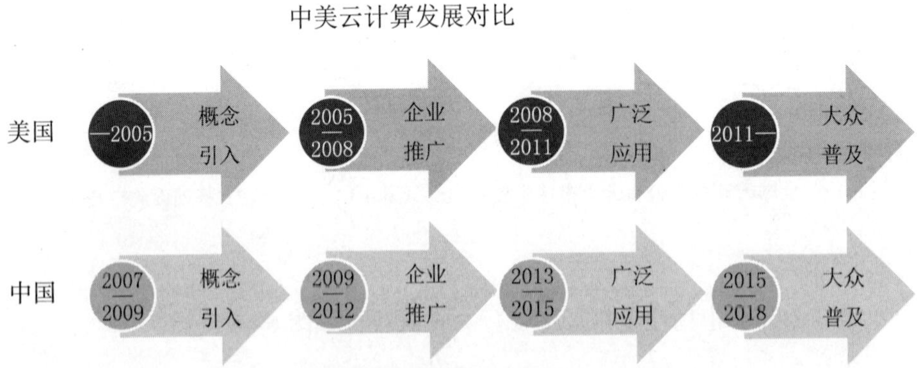

资料来源：阿里研究院，2016，《云计算：DT 中国发展之基》。

图 6-15　中美云计算发展对比

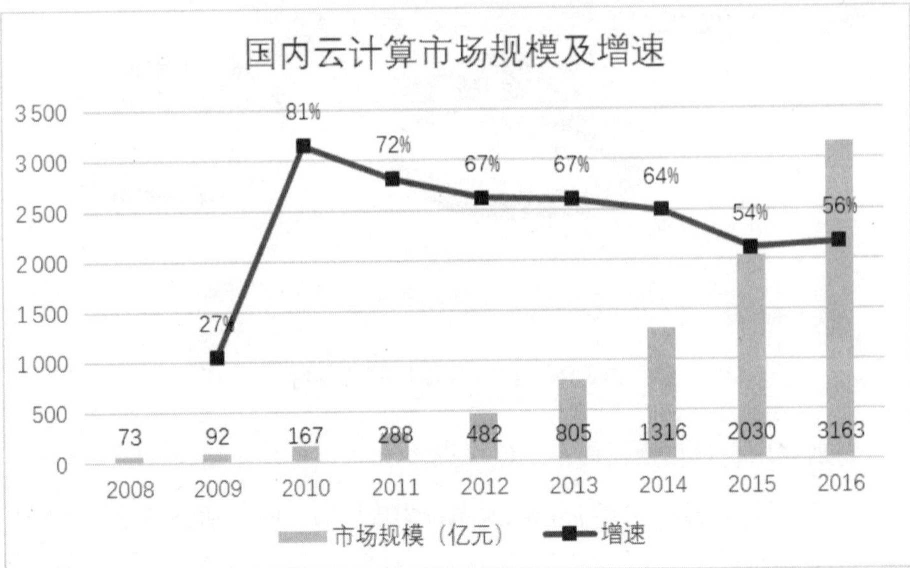

资料来源：Wind。

图 6-16　国内云计算市场规模及增速

资料来源：易观国际，《2015 年中国云计算产业生态图谱》。

图 6-17　云计算产业相关的主流厂商

第三节　物联网和 5G：感知世界，改变社会之中枢

1. 物联网

（1）基本情况

物联网（internet of things）是指通过射频识别（RFID）、红外感应器、全球定位系统、激光扫描器等信息传感设备，按照约定的协议，把任何物品与互联网连接起来，进行信息交换和通信，以实现智能化识别、定位、跟踪、监控和管理的一种网络，本质就是将 IT 基础设施融入物理基础设施。物联网及其关键技术如图 6-18 所示。

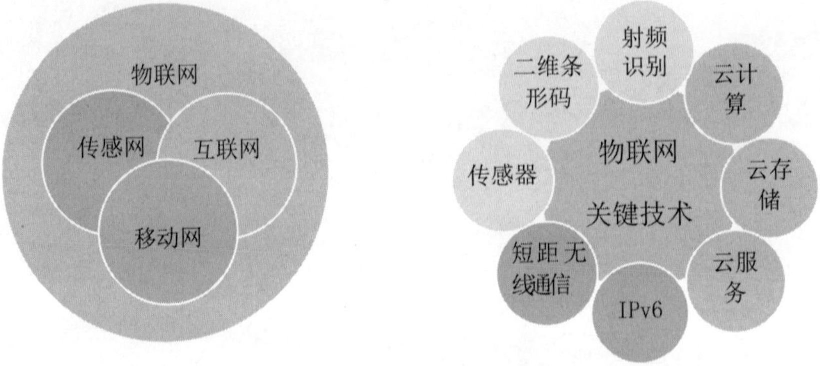

图 6-18　物联网及其关键技术

（2）物联网的发展历史

从 1999 年提出物联网的概念到今天，物联网得到了充分的发展，在发展过程中有里程碑意义的事件如下（见图 6-19）：

1999 年，提出物联网概念；

2005 年，ITU 引用“物联网”概念，并将范围扩展至射频识别技术以外；

2012 年，通用电气提出基于物联网的“工业互联网”概念；

2014 年，IBM、思科、通用电气和美国电话电报公司组建工业互联网联盟（IIC）；

2016 年，NB-IoT 标准冻结：标准化物联网专有协议。

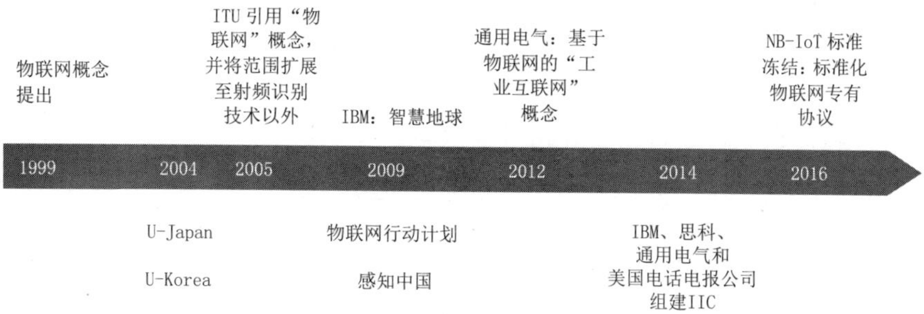

图 6-19　物联网的发展历史

（3）物联网架构

物联网主要包括三层结构，即物联网应用层、物联网网络层和物联网感知层。在应用层，将物联网技术与行业需求相结合，实现广泛智能化应用的解决方案；在网络层，传递和处理信息，连接感知层与应用层；在感知层，感知和识别物体，获取信息。物联网架构如图 6-20 所示。

资料来源：中国电信，2015，《中国电信：物联网的体系架构和技术路线》。

图 6-20　物联网架构

（4）物联网产业链和价值链

物联网的产业链和价值链如图 6-21 所示。

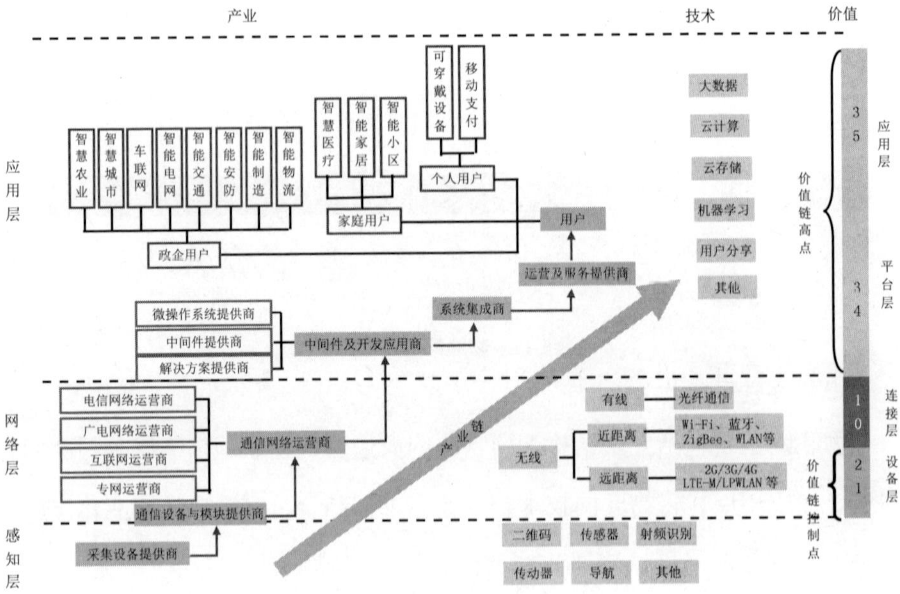

图 6-21　物联网的产业链和价值链

（5）物联网的商业模式

物联网的商业模式如表 6.3 所示。

表 6.3　物联网的商业模式

商业模式	特点	适用场景
运营商主导型	运营商直接提供网络连接模式，运营商合作开发推广模式，运营商独立开发推广模式	企业客户，以采集类和定位类应用为主
系统集成商主导型	由系统集成商租用通信运营商的网络，通过整体方案连带通道一起向用户提供业务，技术水平是核心	行业壁垒高、对应用要求复杂的行业
软硬件集成商主导型（“iPhone” 模式）	软硬件集成商创造应用软件开发平台、与运营商和软件开发商合作等举措，形成一个综合个体主导生态系统	与个人用户市场相关的便利类和控制类领域
软件内容集成商主导型（“Android”模式）	与“iPhone”模式类似	与个人用户市场相关的便利类和控制类领域

（续表）

商业模式	特点	适用场景
政府主导型	政府等公共事业部门搭建公共平台，客户租用或者购买平台以及相关的软硬件产品，并支付相关通信费用	公共事业平台
用户主导型	客户承担了物联网平台的全部费用和整个服务体系的搭建	强势用户（电力、环保、气象监控等），对于信息的感知和传递有较高的安全性要求，跨行业拓展难
合作运营型	各方平等互利，共同开发和推广	普适
云聚合型	建立在云计算基础上，在一定的安全机制下，形成信息的全面自由流通，通过大量快速的信息传送来实现价值的高速增值	大数据行业

（6）物联网的发展现状

一方面，从全球物联网的发展情况来看，物联网市场规模在以 20% 以上的速率增长，IC insights 预测 2018 年的市场规模将达到过万亿美元，同时新增设备接入量稳定上升。

2013—2018 年全球互联网市场规模如图 6-22 所示，2013—2019 年全球物联网设备新增接入量如图 6-23 所示。

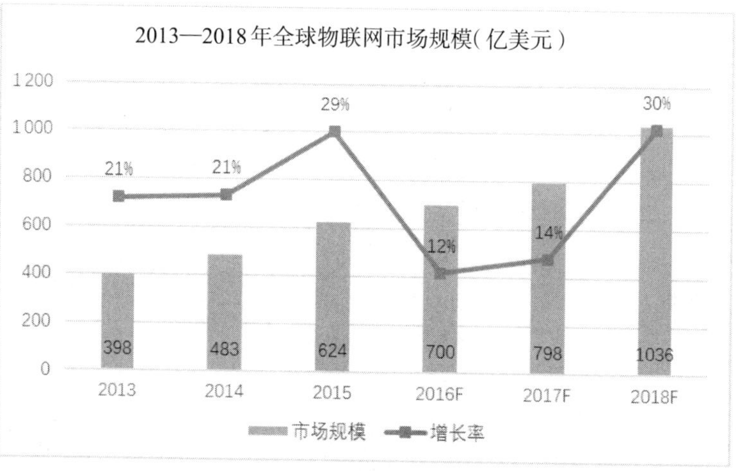

资料来源：中国产业信息网，“2016 年全球物联网行业市场规模及增速分析”。

图 6-22　全球物联网市场规模

资料来源：中国产业信息网，“2016 年全球物联网行业市场规模及增速分析”。

图 6-23　全球物联网设备新增接入量

从物联网的架构出发，国外涉及物联网业务的公司从应用层、网络层及感知层划分包括如下相关公司，具体如图 6-24 所示。

图 6-24　国外物联网相关公司

另一方面，从国内物联网的发展现状来看，根据相关研究：当前我国在二维码、M2M 服务、中高频射频识别等产业具有一定优势，在平台运营、服务提供、软件与应用集成、传统传感器、物联网终端等领域处于均势地位，而在基础芯片、高端传感器、MEMS 传感器、智能信息处理等环节则处于劣势地位，亟待取得突破。

我国物联网整体规模及增长预测如图 6-25 所示，我国物联网产业各环节地位如图 6-26 所示。

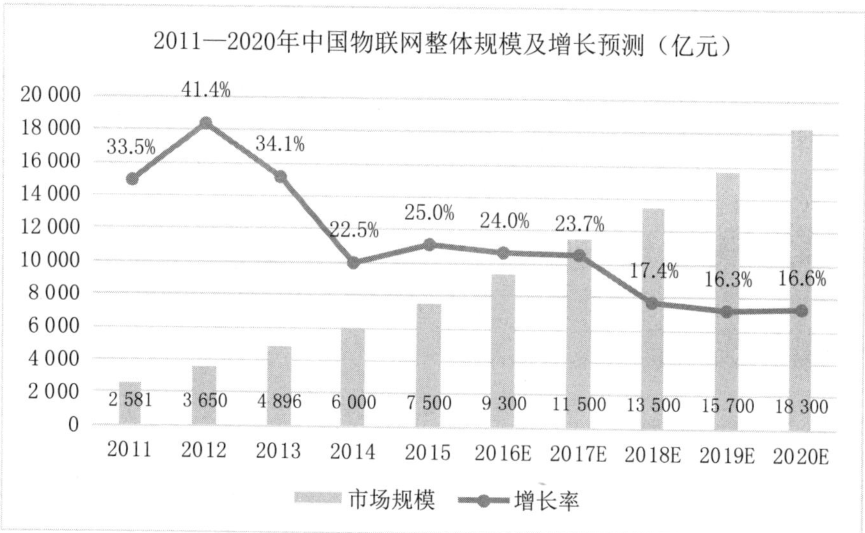

资料来源：中国产业信息网，“2016 年我国物联网行业市场规模分析”。

图 6-25　中国物联网整体规模及增长预测

同样，我国国内按照物联网应用层、网络层和感知层的架构划分的涉及物联网业务的公司如表 6.4 所示。

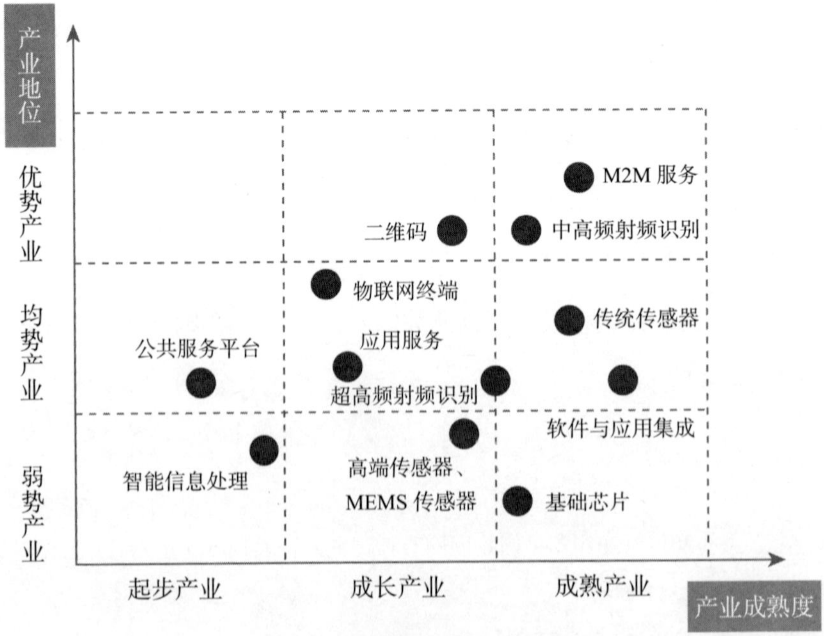

资料来源：中国产业信息网，2016，“我国物联网行业产业链发展分析及市场前景预测”。

图 6-26　我国物联网产业各环节地位

表 6.4　国内物联网相关公司

产业链位置	细分行业	上市公司
感知层	传感器、芯片	歌尔声学、汉威电子、华东科技、苏州固锝、化工科技、北京君正
	射频识别、二维码识别	远望谷、新大陆
	图像识别	佳都科技、科大讯飞
	定位服务 / 北斗导航	海格通信、振兴科技、北斗星通
网络层	通信芯片、模块	武汉凡谷、大富科技、中兴、烽火通信、中天科技、亨通光电、光迅科技
	网络	中国移动、中国电信、中国联通
	连接管理	宜通世纪

（续表）

<table>
<tr><th>产业链位置</th><th colspan="2">细分行业</th><th>上市公司</th></tr>
<tr><td rowspan="11">应用层</td><td rowspan="9">应用开发</td><td>智能制造</td><td>宝信软件、东土科技、中科创达</td></tr>
<tr><td>智能物流</td><td>东方精工、天泽信息、传化股份</td></tr>
<tr><td>智能安防</td><td>佳都科技、东方网力</td></tr>
<tr><td>车联网</td><td>盛路通信、天泽信息、传化股份</td></tr>
<tr><td>智能电力</td><td>许继电力、四方股份</td></tr>
<tr><td>智能交通</td><td>荣之联、亿阳信通、易华录、千方科技</td></tr>
<tr><td>智能家居</td><td>科大讯飞、美的集团</td></tr>
<tr><td>可穿戴</td><td>水晶光电、奋达科技、探路者</td></tr>
<tr><td>智能医疗</td><td>九安医疗、理邦仪器</td></tr>
<tr><td colspan="2">平台服务商</td><td>阿里云、百度云、京东云</td></tr>
<tr><td colspan="2">数据存储 / 分析</td><td>光环新网、华星创业、东方国信、天源迪科</td></tr>
</table>

2. 5G

（1）基本情况

为了应对未来爆炸性的移动数据流量增长、海量的设备连接、不断涌现的各类新业务和应用场景，第五代移动通信（5G）系统将应运而生。

5G 将以可持续发展的方式，满足未来超千倍的移动数据增长需求，将为用户提供光纤般的接入速率，“零”时延的使用体验，千亿设备的连接能力，超高流量密度、超高连接数密度和超高移动性等多场景的服务，业务及用户感知的智能优化，将为网络带来超百倍的能效提升和超百倍的比特成本降低，并最终实现“信息随心至，万物触手及”的 5G 愿景，具体如图 6-27 所示。

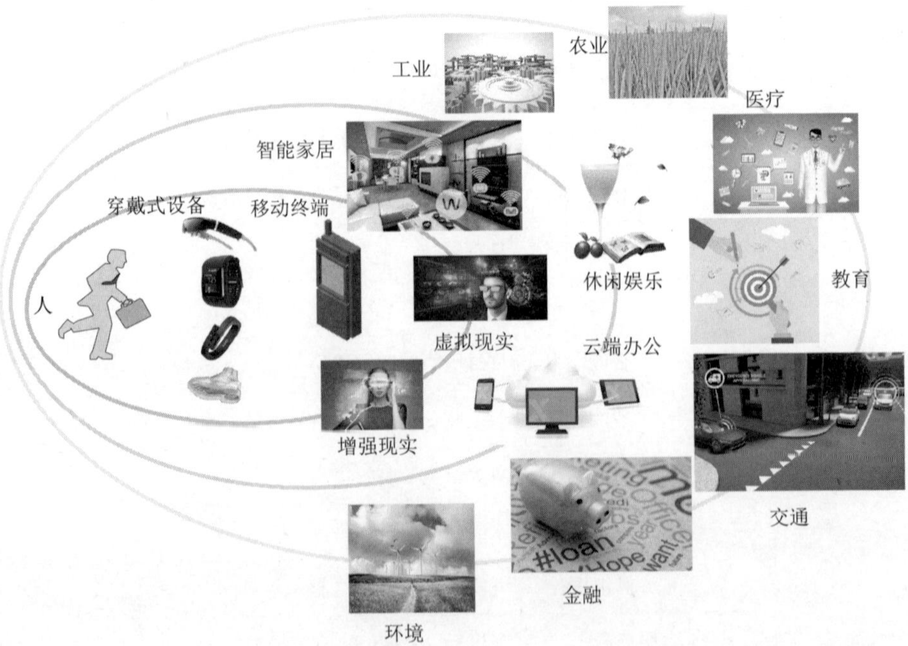

资料来源：IMT 官网。

图 6-27　5G 总体愿景

（2）5G 应用场景——极端差异化性能需求

面对多样化场景的极端差异化性能需求，5G 很难像以往一样以某种单一技术为基础形成针对所有场景的解决方案。5G 的应用场景如图 6-28 所示。

因此，在面对诸如连续广域覆盖、热点高容量等场景时，5G 面临的挑战也不同，具体如表 6.5 所示。

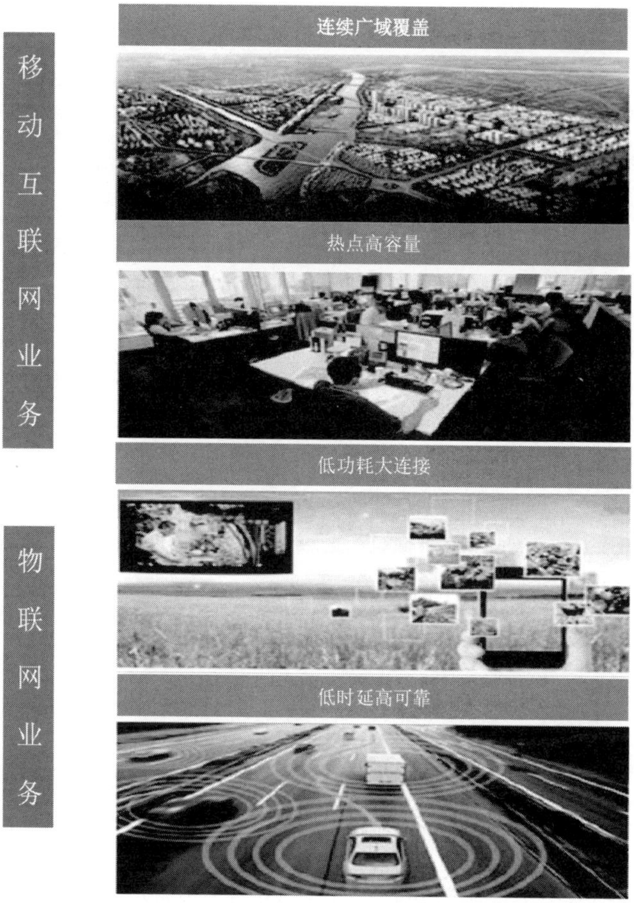

资料来源：IMT—2020（5G）PG（推进组），2015 年 2 月 11 日，Whitepaper on 5G Concept 白皮书。

图 6-28　5G 的应用场景

表 6.5　5G 的应用场景及挑战

场景	对象	关键挑战
连续广域覆盖	移动通信	• 100Mbit/s 用户体验速率
热点高容量	局部热点区域	• 用户体验速率：1Gbit/s • 峰值速率：数十 Gbit/s • 流量密度：数十 $Tbit/s/km^2$

（续表）

场景	对象	关键挑战
低功耗大连接	智慧城市、环境监测、智能农业、森林防火等以传感和数据采集为目标的应用场景	• 连接数密度：10^6 /km^2 • 超低功耗，超低成本
低时延高可靠	向车联网、工业控制等垂直行业的特殊应用需求	• 空口时延：1ms • 端到端时延：ms 量级 • 可靠性：接近 100%

资料来源：根据 IMT—2020（5G）PG（推进组），2015 年 2 月 11 日，Whitepaper on 5G Concept 白皮书整理。

（3）5G 关键技术

5G 的关键技术包括无线技术和网络技术。

无线技术包括大规模天线阵列、超密集组网、新型多址、全频谱接入和潜在关键技术。其中，大规模天线阵列是在现有多天线基础上通过增加天线数可支持数十个独立的空间数据流，将数倍提升多用户系统的频谱效率，对满足 5G 系统容量与速率需求起到重要的支撑作用。应用 5G 需解决信道测量与反馈、参考信号设计、天线阵列设计、低成本实现等关键问题。超密集组网通过增加基站部署密度，可实现频率复用效率的巨大提升，但考虑到频率干扰、站址资源和部署成本，超密集组网仅可在局部热点区域实现百倍量级的容量提升。干扰管理与抑制、小区虚拟化技术、接入与回传联合设计等是超密集组网的重要研究方向。新型多址通过发送信号在空 / 时 / 频 / 码域的叠加传输来实现多种场景下系统频谱效率和接入能力的显著提升。可实现免调度传输，将显著降低信令开销，缩短接入时延，节省终端功耗。全频谱接入通过有效利用各类移动通信频谱资源来提升数据传输速率和系统容量。6GHz 以下频段因其较好的信道传播特性可作为 5G 的优选频段，6GHz ~ 100GHz 的高频段具有更加丰富的空闲频谱资源，可作为 5G 的辅助频段。信道测量与建模、低频和高频统一设计、高频接入回传一体化以及高频器件是全频谱接入技术面临的主要挑战，而潜在关键技术是基于滤波的正交频分复用（F-OFDM）、滤波器组多载波（FBMC）、全双工、灵活双工、终端直通（D2D）、多元低密度奇偶检验码、网络编码、极化码等。

网络技术包括软件定义网络（SDN）、网络功能虚拟化（NFV）和云计算技术。三种技术的发展均基于接入云、控制云和转发云三个域的新型 5G 网络架构。

其中，接入云的特点是接入控制与承载分离、接入资源协同管理、支持多种部署场景（集中 / 分布 / 无线 mesh）、灵活的网络功能及拓扑；控制云的特点是网络控制功能集中，网元功能虚拟化、软件化、可重构，支持网络能力开放；而转发云的特点是剥离控制功能，转发功能靠近基站，业务能力与转发能力融合。

（4）软件定义网络（SDN）

软件定义网络（Software Defined Network，SDN），是脱胎于 OpenFlow 技术的一种新型网络创新架构的思路，是网络虚拟化的一种实现方式。它传递了“网络开放性、虚拟化和可编程”理念，通过将网络设备控制面与数据面分离开，实现网络流量的灵活控制，使网络作为管道变得更加智能。其架构如图 6-29 所示。

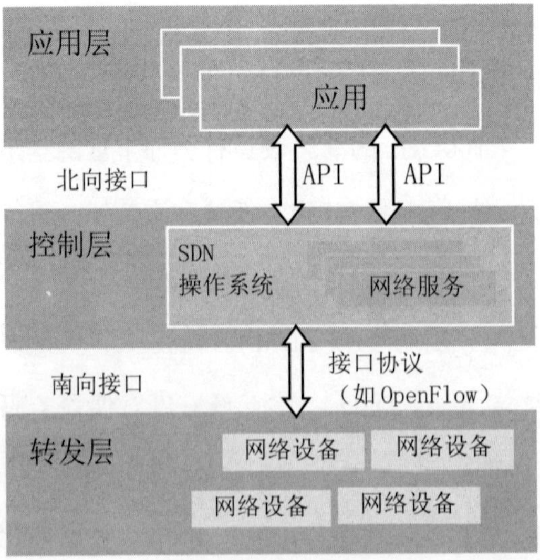

图 6-29　SDN 架构

SDN 主要有四个特点，即控制面和转发面分离、集中化的网络控制、网络业务的自动化控制及开放的可编程接口。SDN 采用全局集中式路由计算，可高效调度全网资源。

SDN 的发展进程为：① 2014 年 4 月，北京电信和华为合作，推出全球首个运营商 SDN 商用部署，将 SDN 技术成功应用于 IDC 网络，实现了 IDC“基础资源 + 增值服务”的新业务模式，也敲开了运营商 SDN 紧闭的大门；② 2014 年 9 月，世纪互联发布了国内最大规模的 SDN 数据中心商用网络，这是国内首个运营商之外的规模化应用 SDN 的案例；③ 2014 年 10 月，中国电信（福建）携手华为创新发布全球首个光传送网 SDN，成功在光传送网上实现了 BOD 智能专线应用，以及与数据中心的云网协同，引领光传送网全面进入 SDN 时代；④ 2014 年 11 月，上海电信携手华为联合创新完成 CloudMall SDN 混合云商用部署；⑤ 2015 年 3 月，华为与西班牙电信完成了全球首个基于 SDN 架构的 IP+ 光多层协同现网实验局；⑥ 2015 年 4

月，威瑞森宣布转向以 SDN 为主的网络体系架构，以期降低成本、加速业务创新，同时威瑞森公布了 SDN 的具体部署计划，初期在 IMS（IP 多媒体子系统）和 EPC（4G 核心网络）网络中部署，未来逐步向无线接入网递进；⑦ 2015 年 5 月，华为与腾讯联合创新，成功部署商用 IDC 广域 SDN，提升腾讯网络带宽利用率及运维效率，并降低成本；⑧ 2015 年 11 月，华为携手美团共建云数据中心 SDN 商用网络。华为中标中国电信 2015 年 IDC 承载专网集采项目，包括 IDC 承载专网汇聚路由器、接入路由器（含 SDN 控制器），以及路由反射器设备；⑨ 2016 年 4 月，中国移动政企公司的公有云，其两个节点（广州、北京），各 1 000 台服务器，全部采用 SDN 的结构，分别由上海贝尔和华三中标。目前，我国国内的 SDN 已应用于数据中心，未来将与 NFV 共同进入广域网。

SDN 的产业包括两大阵营，如图 6-30 所示。

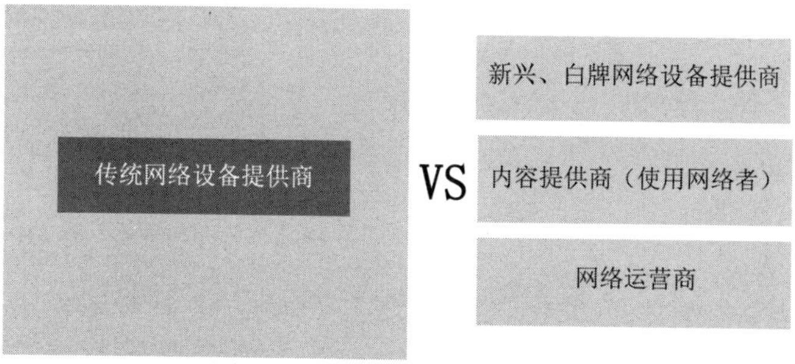

图 6-30　SDN 产业的两大阵营

（5）NFV

2012 年 10 月，美国电话电报公司、英国电信、德国电信等基础电信运营商在 ETSI（欧洲通信标准协会）上提出 NFV（网络功能虚拟化）。NFV 是基于大型共享的 OTS 服务器，通过软件定义的方式，探索网络实体的虚拟化使用。其目标是通过基于行业标准的 X86 服务器、存储和交换设备，来取代通信网的那些私有专用的网元设备。

NFV 的优势是部署成本更低，能快速适应网络需求变化。NFV 网络架构如图 6-31 所示。

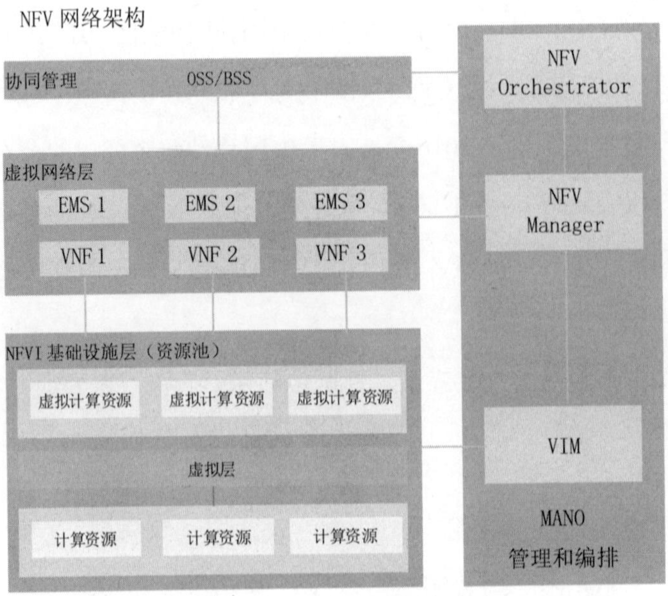

图 6-31　NFV 网络架构

（6）SDN 与 NFV 的关系

SDN 与 NFV 的关系为互不依赖、自成体系，同时又相互补充、相互融合。NFV 通过使用 X86 等通用性硬件及虚拟化技术，来承载很多功能的软件处理，并且关注网络转发功能的虚拟化和通用化。而 SDN 将网络功能和业务处理抽象化，并通过外置控制器来控制这些抽象化的对象，并且关注于网络控制面和转发面的分离。NFV 为 SDN 软件的运行提供基础架构的支持，未来，可以将 NFV 的目标和 SDN 的目标紧密联系在一起——使用通用的商业性服务器和交换机（见图 6-32）。

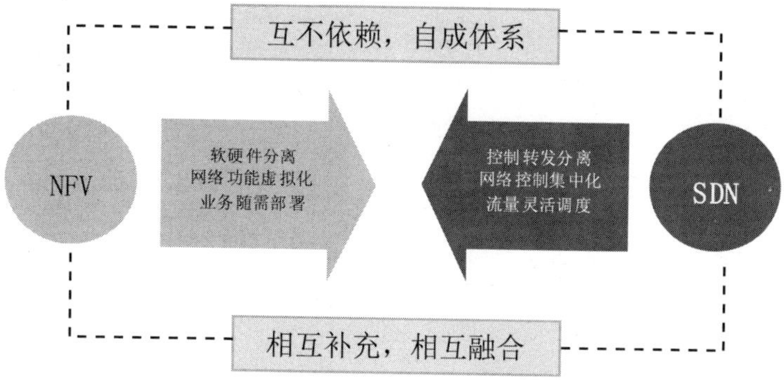

图 6-32　SDN 与 NFV 的关系

（7）5G 时间工作计划

一方面，国际电信联盟已经完成了 5G 的愿景研究，于 2017 年底启动 5G 技术方案征集，2020 年完成 5G 标准制定。另一方面，第三代合作伙伴计划在 2016 年初启动 5G 标准研究，预计在 2018 年下半年形成 5G 标准第一版本，2019 年底完成满足国际电信联盟要求的 5G 标准完整版本（见图 6-33）。

资料来源：IMT—2020（5G）PG（推进组），2015 年 2 月 11 日，Whitepaper on 5G Concept 白皮书。

图 6-33　5G 时间工作计划

（8）5G 建设产业链及相关受益公司

5G 建设产业链及相关受益公司如图 6-34 所示。

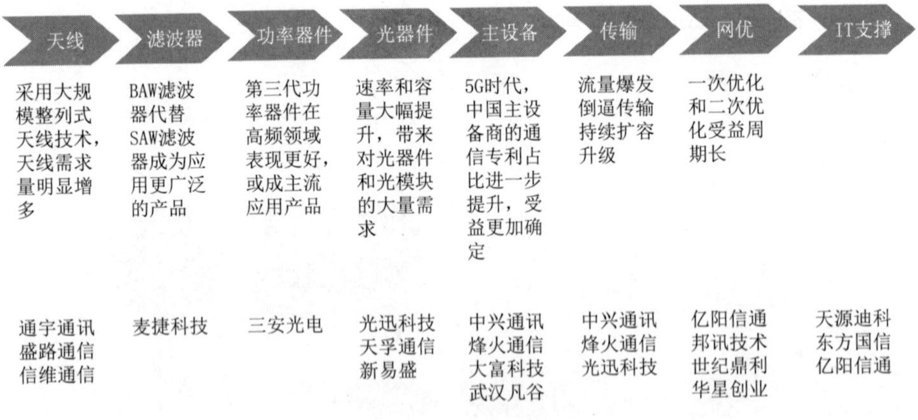

图 6-34　5G 建设产业链

第四节　人工智能：推进下次工业革命的大脑，产业临界点趋近

目前所讲的人工智能主要指基于人工神经网络的机器学习技术。神经网络的发展几经沉浮，目前发展最快、应用最广的是以 CNN 和 LSTM 为代表的深度学习模型，开源框架为深度学习的普及做出了重要贡献。表 6.6 展示了深度学习发展的时间表。

表 6.6　深度学习发展的时间表

时间	代表人物	事件
1943	麦卡洛克 - 皮特斯	第一个脑模型，开创了用电子装置模仿人脑结构和功能的先河
1957	罗森布拉特	第一台感知机（单层神经网络），可以完成一些简单的视觉处理任务
1970s	明斯基	证明单层神经网络不能解决 XOR（异或）问题
1974	沃伯斯	证明在神经网络中多加一层，并且利用“后向传播”算法可以有效解决 XOR 问题
1986	鲁姆哈特	提出多层神经网络中的反向传播算法
1990s		由于训练结果不理想，被互联网的飞速发展所掩盖
2006	辛顿	缓解了局部最优解问题，提出了深层神经网络
2010s		大数据、云计算推动了深度学习的发展
2016		深度学习已经深入到各行各业之中

深度学习经过十年的发展已比较成熟，大数据和云计算为人工智能的发展扫清了障碍，真正的智能化需求正在增长，IT 巨头频繁布局，创业公司和资本井喷。在数据、计算、需求、政策的合力推动下，人工智能已经到了爆发的关口。

得益于深度学习，人工智能近年来发展迅速。经过数年时间，CNN、LSTM 等深度神经网络已经基本普及，并不断有新的突破，比如谷歌的 CLSTM、百度的 Deep CNN+LSTM+CTC、科大讯飞的 DFCNN，等等。

在此基础上，神经网络的训练效果以每年 20% 以上的速度迅速提升，在测试环境下已接近甚至超过人类水平。2016 年深度学习模型的重大突破如图 6-35 所示。

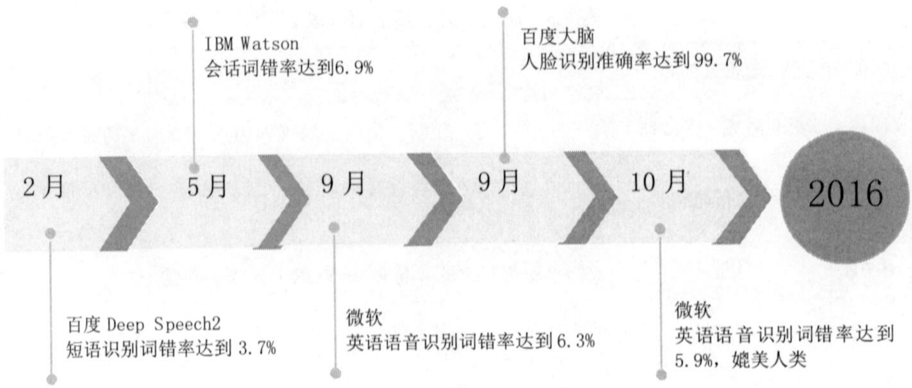

图 6-35　2016 年深度学习模型重大突破

大数据和云计算为人工智能的发展扫清了障碍

大数据造就了规模，规模造就了深度学习：在移动互联网和万物互联时代，数据呈现指数级增长。IDC 预测，到 2020 年全球数据总量将超过 40ZB。相对于之前，现阶段“数据”包含的信息量越来越大、维度越来越多，从图像、声音等富媒体数据，到动作、姿态、轨迹等人类行为数据，再到地理位置、天气等环境数据应有尽有。

全球数据总量 10 年增长了 40 倍，如图 6-36 所示。

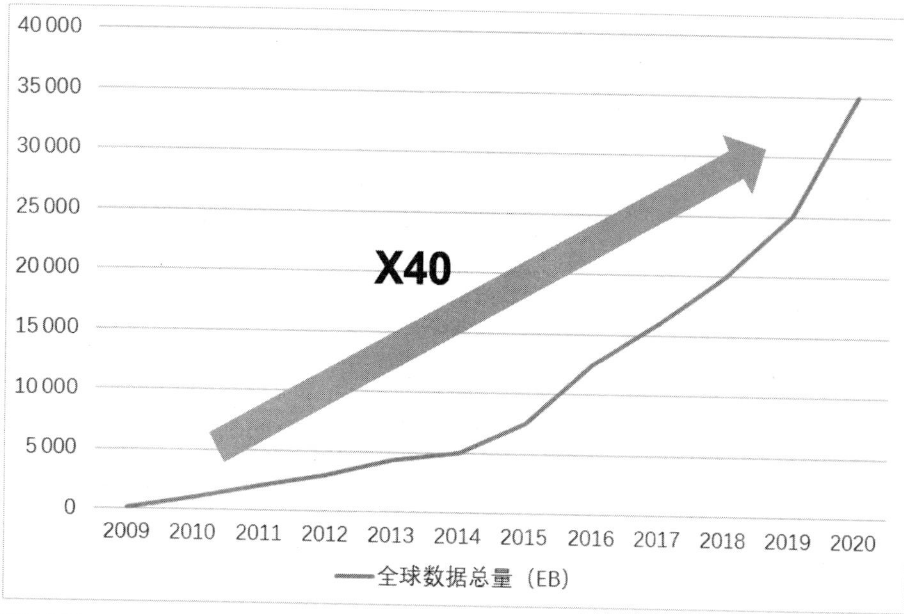

资料来源：IDC，方正证券研究所整理。

图 6-36　全球数据总量的 10 年增长

我们使用训练数据训练模型时的一个基本假设就是训练数据与预测数据是独立同分布的。多维度的大数据使得我们可以通过不断扩充数据集来满足这一假设，这意味着估计与模拟更加精确，并能在一定程度上解决“过拟合”问题。

多来源、多容量、多类型的数据可以从不同的角度对现实进行更为真实的描述，而利用深度学习算法可以挖掘数据之间的多层次关联关系。随着数据量的增多，规模越大的神经网络表现就越好。从传统算法到小型神经网络、中型神经网络最后演化为现在的大型神经网络，深度学习能越来越火，就是因为神经网络可以不断扩大规模，甚至可以无限地扩展，而且扩展之后所带来的效果是稳步提升的，具体如图 6-37 所示。

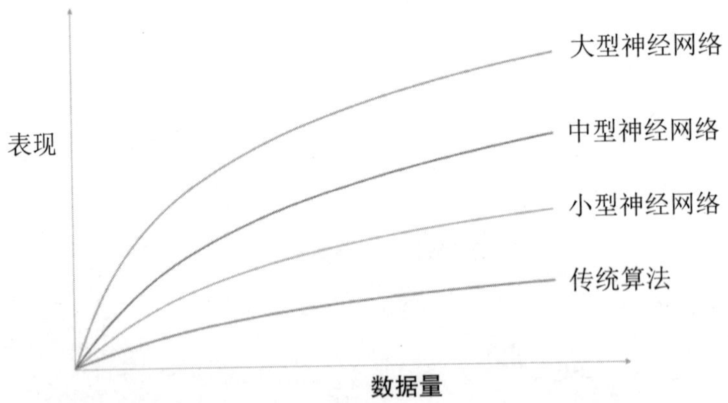

图 6-37　规模造就了深度学习

人工智能产业链主要包括基础层的芯片和数据，技术层的深度学习算法和框架，应用层的三大应用。人工智能芯片从通用到专用各有优势、百花齐放，我们认为做人工智能 IP 核的相关公司有更大机会。由于技术壁垒渐消，人工智能应用的演进路径是由行业应用带动基础应用进而带动高级应用的良性闭环，行业应用商将是短期最大的受益者。

在这一演进路径下，行业内上下游整合频繁，学界与业界交流频繁，新的技术突破随时可能带来人工智能的重大变革。人工智能的市场空间巨大且增长迅速，但是距离完全落地还需时间。我们认为行业热点事件依然会带动全社会的关注，物联网商用将是人工智能的黄金时期，而长期内的技术突破才是最核心的内在推动力。

第五节　3D 成像：光学的大变革

1. 传统光学的升级一直停留在像素的提升

拍照一直是智能手机的重要卖点，像素和拍照性能是换机的主驱动力之一，以 iPhone 为例，后置摄像头从单 2M 升级到双 12M，前置摄像头从无到 8M，其性能提升幅度远超其他任何零组件，如表 6.7 所示。

表 6.7　iPhone 手机摄像头配置提升明显

iPhone 机型	摄像头配置
iPhone 3G	后 2M
iPhone 3GS	后 3M
iPhone 4	后 5M+ 前 0.3M
iPhone 4S	后 8M+ 前 1.2M
iPhone 6s	后 8M+ 前 5M
iPhone 7	后 12M × 2+ 前 7M

资料来源：苹果官网，方正证券研究所整理。

虽然光学性能提升幅度巨大，但是仍然沿用着最传统的原理——二维成像，即把现实三维世界的图像信息映射到二维的 CMOS[①] 感光元件上实现成像。

2. 3D 成像加入景深信息，开启 AI 和 AR 时代

普通摄像头都是 2D 平面成像的，丢失了物理世界中的第三维信息（尺寸和距离等几何数据），计算机只能实现影像记录和平面图像特征识别，分析算法难度极大，目前能够实现的智能分析功能十分有限。

① CMOS（Complementary Metal-Ovide-Semiconductor），中文学名为互补金属氧化物半导体。

3D 成像能够识别视野内空间每个点位的三维坐标信息，从而使得计算机得到空间的 3D 数据并复原完整的三维世界，最终实现各种智能的三维定位。

三种 3D 成像方案对比如表 6.8 所示。

表 6.8　三种 3D 成像方案对比

	结构光	飞行时间	双目测距
技术成熟度	☆	☆☆	☆☆☆
硬件成本	☆☆☆	☆☆	☆
模组大小	☆☆☆	☆☆☆	☆
功耗	☆☆	☆☆☆	☆
时延	☆☆	☆☆	☆
强光性能	☆☆	☆☆	☆☆☆
暗光性能	☆☆☆	☆☆☆	☆☆
额外光源	需要	需要	不需要
散热要求	☆☆☆	☆☆☆	☆
软件复杂度	☆	☆	☆☆☆

资料来源：德州仪器，方正证券研究所整理。

纵观人机交互的历史，打孔指令带、DOS 系统 + 键盘形成了早期一维人机交互，Windows+ 鼠标的二维交互方式开启了互联网 /PC 时代，触摸屏和摄像头的二维交互方式则开启了移动互联网 / 智能手机时代，而到了以 AR 为代表的下一代计算平台，则需要三维的交互方式，如图 6-38 所示。

在移动互联网时代，触摸屏（见图 6-39）和摄像头成为主要的人机交互媒介。触摸屏可以方便地实现各种操作，相比键盘和鼠标更为自然和顺畅。摄像头实现了大量的内容输入，也是一种重要的人机交互媒介。

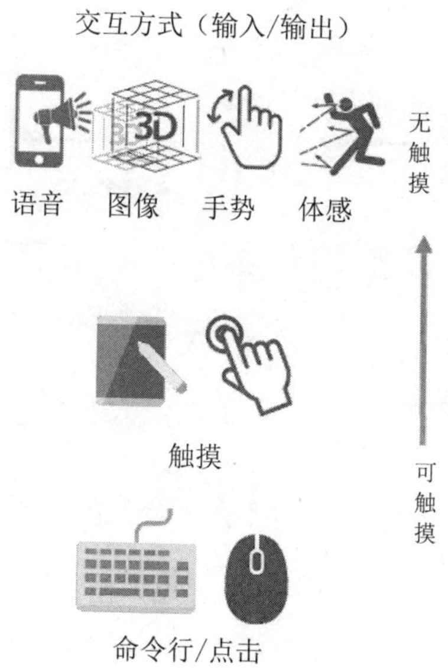

资料来源：易观智库，《中国 AR 行业应用专题研究报告（2016）》。

图 6-38 人机交互历史

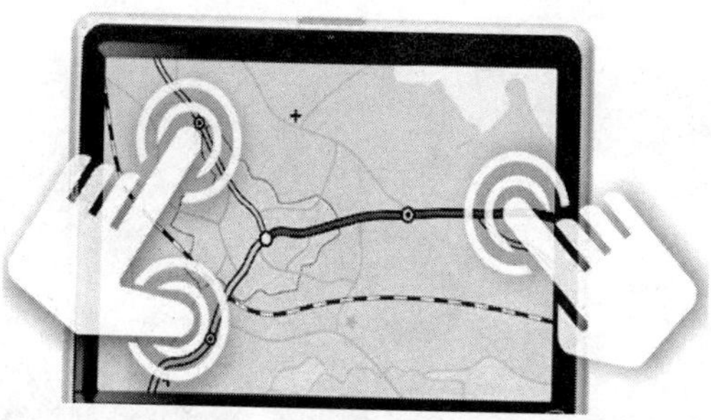

资料来源：方李鹏（最科技），2012-08-21，“到 2018 年触摸屏显示器将成为一个 319 亿美元的市场”。

图 6-39 触控屏的交互

但触摸屏和摄像头仍属于 2D 的交互方式。在触摸屏上，我们只能实现平面范围内的感应和触控，即使出现了 3D Touch 等新的触控方式，人机交互也依然只局限在一个平面上。而现有的摄像头则只能实现 2D 图片的拍摄，无法实现 3D 图像的交互，如图 6-40、图 6-41 所示。

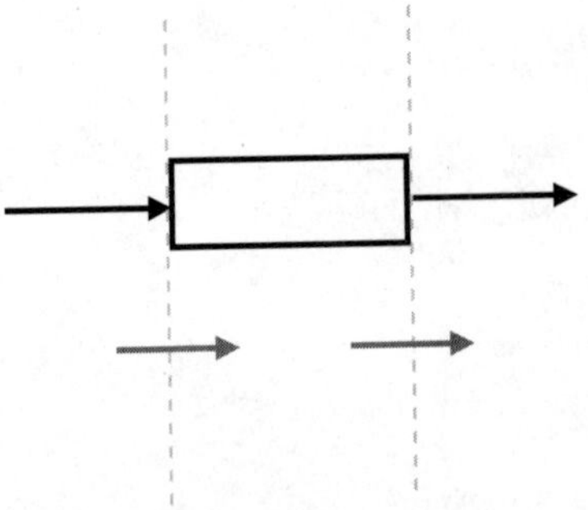

图 6-40　非智能计算平台的输入输出

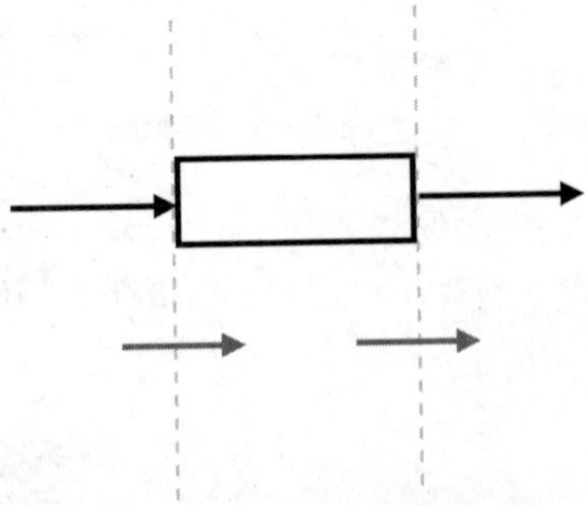

图 6-41　智能计算平台的输入输出

而到了以 AR 为代表的下一代计算平台，则需要 3D 的交互方式，这是由 AR 设备的定义所要求的。AR 技术是指借助计算机视觉技术和人工智能技术产生物理世界中不存在的虚拟对象，并将虚拟对象准确“放置”在现实世界中。通过更自然的交互，呈现给用户一个感知效果更丰富的新环境，如图 6-42 所示。

资料来源：Magic Leap 官网，方正证券研究所。

图 6-42　AR 技术让一头鲸鱼从地板中跃出

由于现实环境是3D的，所以为了实现逼真的效果，AR技术也需要产生3D的虚拟对象，并把3D的虚拟对象叠加显示在现实的物理环境中，这就要求AR设备可以实现3D的输入和输出，具体如图6-43所示。

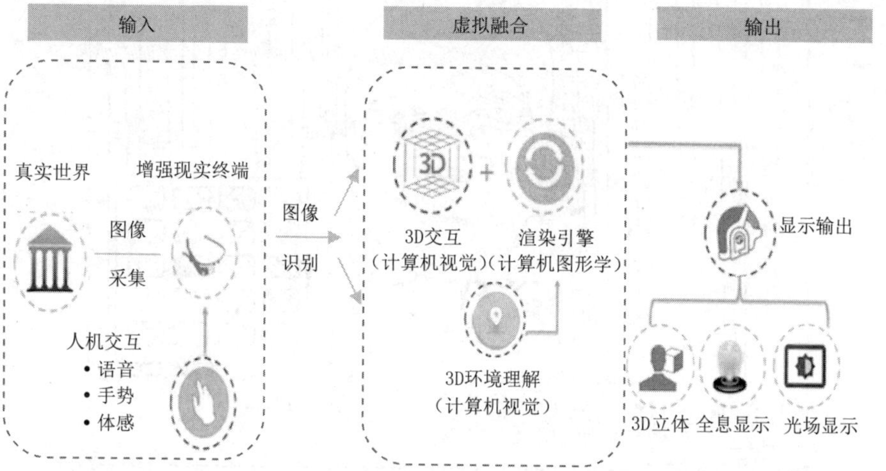

资料来源：何雨轩（易观咨询），2016-11-01，《中国AR行业应用专题研究报告（2016）》。

图6-43 AR技术需要3D的输入和输出

由于AR所需要的是3D的交互，所以现有的触摸屏和摄像头等2D的交互方式并不满足AR的要求，需要新的交互技术。

三维交互的应用广泛：精确的脸部识别可以用于解锁、支付；精确的手势及动作识别可以用于家庭游戏娱乐；精确的人形建模可以让网购更有效率，让移动社交更真实。生物识别（2015年全球市场规模130亿美元）、游戏（2016年全球市场规模996亿美元）、B2C电商（2015年全球市场规模2.2万亿美元）加在一起粗略统计是一个超过2万亿美元级别的市场。如果三维成像与这些市场结合，假设渗透1%，都将变革一个规模超过千亿人民币的市场。3D成像的未来想象空间巨大，如图6-44所示。

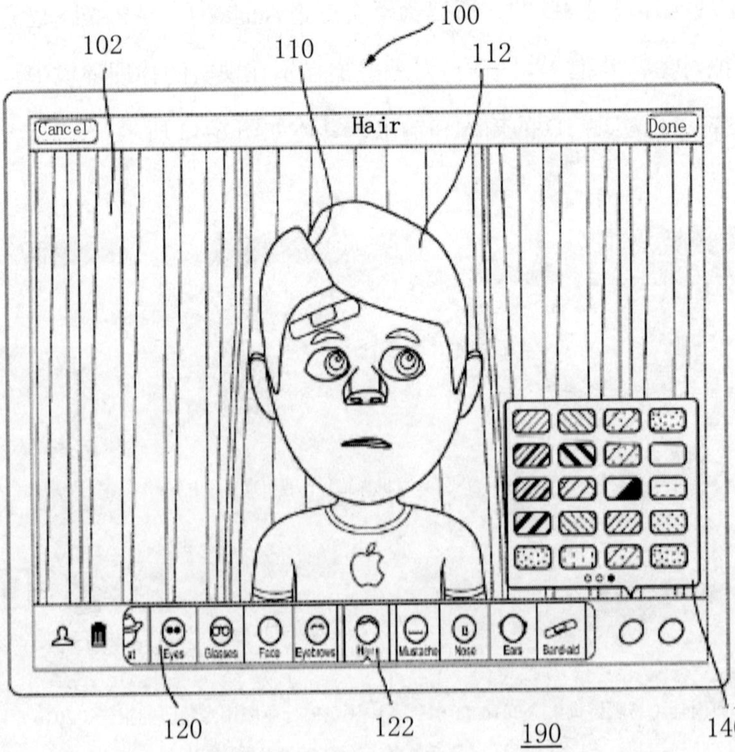

资料来源：游戏狗 iPhone 中文网，2012，“苹果已发明‘杀手级’3D 摄像头 for iOS 设备”。

图 6-44　3D 成像美容化妆应用

3. 苹果 iPhone X 基于结构光的 3D 成像技术

结构光顾名思义就是有特殊结构的光，比如离散光斑、条纹光、编码结构光等，如图 6-45 所示。将这样的一维或二维的图像投影至被测物上，根据图像的大小畸变，就能判断被测物的表面形状即深度信息。举个例子，拿一个手电照射墙壁，站近或站远，墙上的光斑是不同大小的，从不同角度照射墙，光斑也会呈现不同的椭圆。这就是结构光的基础。而深度计算的方式也有多种，这里重点说一下被苹果公司收购的以色列 PrimeSense 公司提出的 Light Coding 方案。

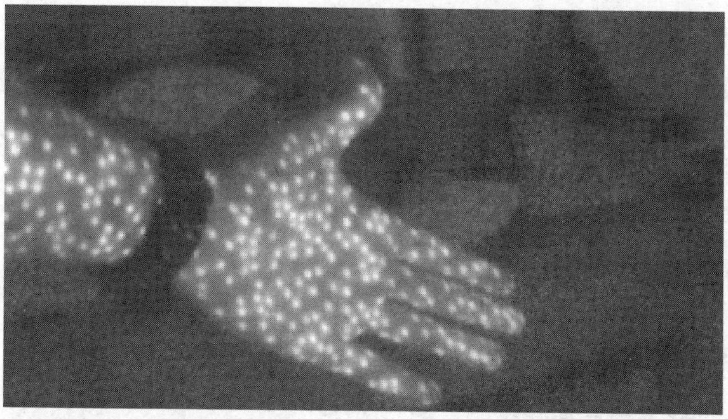

资料来源：MANFRED ZABARAUSKAS' BLOG，2012，3D Display Simulation using Head-Tracking with Kinect。

图 6-45　结构光效果图

Light Coding 的光源称为“激光散斑”，根据 PrimeSense 在专利中的描述，红外激光生成器射出准直后的激光束，通过光学衍射元件 DOE（Diffractive Optical Elements，如扩散片和光栅）进行衍射，进而得到所需的散斑图案。这些散斑具有高度的随机性，而且会随着距离的不同而变换图案，也就是说空间中任意两处的散斑图案都是不同的。只要在空间中打上这样的结构光，整个空间就都被做了标记，把一个物体放进这个空间，只要看看物体上面的散斑图案，就可以知道这个物体在什么位置了。当然，在这之前要把整个空间的散斑图案都记录下来，所以要先做一次光源基准标定（pattern）。Light Coding 发射 940nm 波长的近红外激光，透过扩散器（光栅、扩散片）将激光均匀分布投射在测量空间中，再透过红外线摄影机记录下空间中每个参考面上的每个散斑，形成基准标定。标定时取的参考面越密，则测量越精确。获取原始数据后，IR 传感器捕捉经过被测物体畸变（调制）后的激光散斑 pattern。通过芯片计算，可以得到已知 pattern 与接收 pattern 在空间（x，y，z）上的偏移量，求解出被测物体的深度信息。

结构光的实现难度有如下几个方面：（1）深度摄像头的经济成本远高于一般的摄像头；（2）摄像头需要的空间和功率限制，手机摄像头已经可以做到很小的体积和很小的功率，但是深度摄像头还很难，特别是如果希望能达到比较高的精度；（3）很多深度摄像头是需要额外光源的，因此还需要专门的散热设备；（4）后端的软件匹配。

4. 核心供应链分析

（1）上游关键器件被锁定

这次苹果公司不仅领先了资本，还领先了产业，在苹果公司精心的布局慢慢浮出水面后，产业发现苹果公司早已将结构光产业的关键零组件进行了深度绑定，其他品牌厂难以完全复制。

现在产业面临的问题是快速爆发的需求和上游稀缺的产能之间的矛盾，所以也不难理解国产品牌对此的深深忧虑，品牌厂为了追求新功能，只有不惜血本寻找有效产能，核心零组件公司将拥有充分定价权，坐拥数年的黄金成长期!

（2）发射（LDM）：高端光源被锁定，准直镜头 Heptagon 拥有专利

发射端主要由点光源 VCSEL①、准直镜头和扩散片 DOE 构成。大致原理是 VCSEL 发出 940nm 点激光之后通过准直镜头矫准为线性激光，线性激光照射在 DOE 上发生衍射，形成近千个具备调制信息的光斑。由于扩散片对于光束进行散射的角度（FOV）有限，所以需要光栅（见图 6-46）将散斑图案进行衍射“复制”后，扩大其投射角度。这种“复制”效果被称为光学卷积，能得到所需透射角度的散斑，见图 6-47。

① VCSEL 又称垂直共振腔表面放射激光，简称面射型激光。

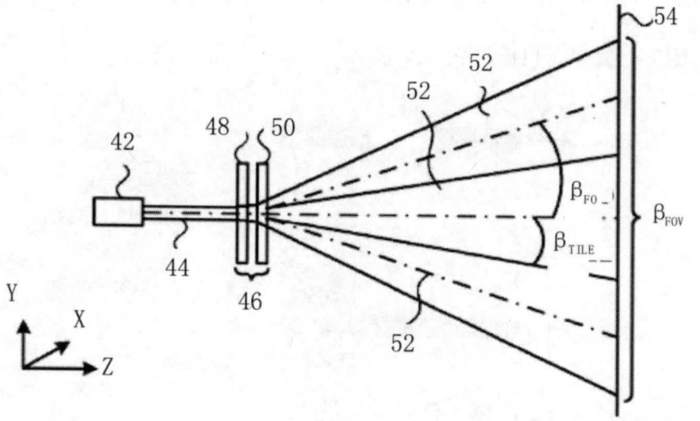

资料来源：Primesense 专利，2010.11.11，United States Application US20100284082。

图 6-46　扩散片 DOE 衍射分光

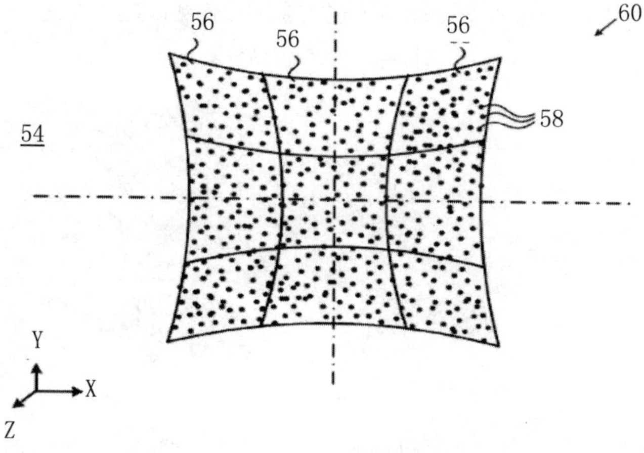

资料来源：Primesense 专利，2010.11.11，United States Application US20100284082。

图 6-47　经光学卷积后的光斑

VCSEL 光源：小型化、转换效率高

红外光常被用于 3D 成像，发射红外线的光源可以是 LED 或激光。VCSEL 具备体积小、光电转换效率高、精度高、低成本、窄波瓣等特性，是最适合消费电子使用的光源。波长选取 940nm 是因为其在自然光的光谱中很少。VCSEL 结构及其与 LED 发光的对比分别如图 6-48、图 6-49 所示。而 VCSEL 和 LED 的光源对比如表 6.9 所示。

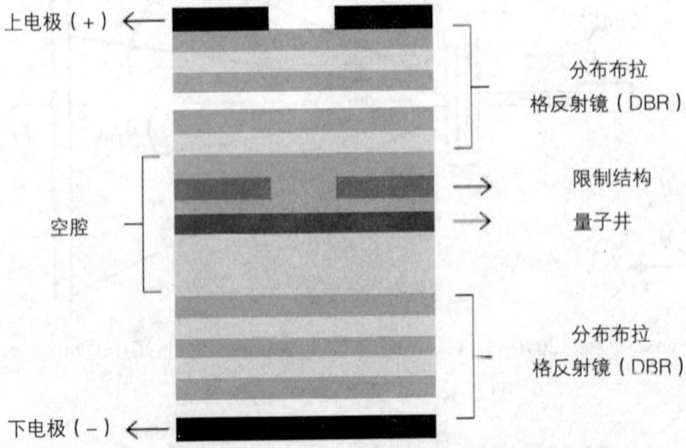

资料来源：KHT，海通证券研究所，2017，“电子行业苹果 3D 视觉深度分析”。

图 6-48 VCSEL 结构图

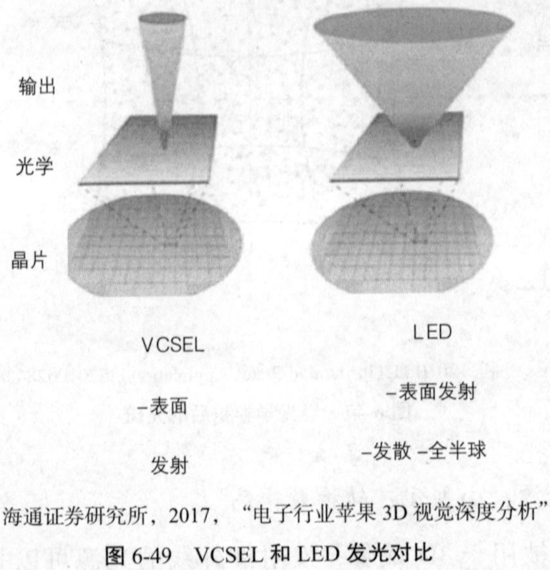

资料来源：VIXAR，海通证券研究所，2017，“电子行业苹果 3D 视觉深度分析”。

图 6-49 VCSEL 和 LED 发光对比

目前主流的 VCSEL 供应商是 Lumentum、II-VI 和 Finisar，但不排除都已经被顶级客户深度绑定的可能。

表 6.9 VCSEL 和 LED 光源对比

性能	VCSEL	LED
主要波长	850nm	1 310nm
谱宽	窄，0.5nm	宽，50nm
亮度	高	低
线性度	差	好
温度特性	差	好
与光纤耦合效率	最高	低
调制速率	低速，155M	高速，范围大，155M~16G
通信距离	短距离，500m	短距离，2km
电光转换效率（光通信）	35%	30%~35%
输出功率	高，1mW	低，0.03mW
功耗	低	高
寿命	很长，理论千万小时	长，理论 10 万小时
成本	适中	低

准直镜头：WLO 工艺，大部分专利被 Heptagon 掌握

准直镜头利用光的折射原理，将波瓣较宽的衍射图案校准汇聚为窄波瓣的近似平行光。目前大部分专利都掌握在 Heptagon 收购的 Mesa 手上。该镜头利用 WLO① 工艺制程，分为上下两片结构，每片中间是滤光片，由类似于水晶光电的镀膜厂在白玻璃上镀完 AR 膜以后交给 Heptagon，后者在玻璃上利用晶圆级工艺上下生长出复型材料，并加工成透镜的形状，最后将两片滤光片粘合并切割，完成 WLO 工艺制作，如图 6-50 所示。

① WLO（Wafer Level Optics），即晶元级镜头制造技术。

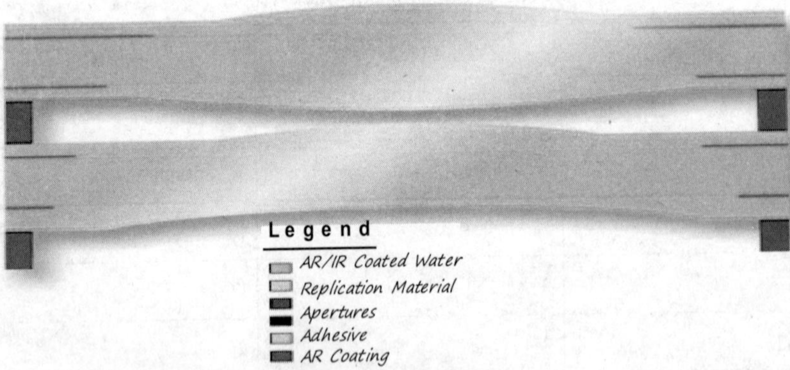

图 6-50　准直镜头构造

不同于普通的镜头，一片 8 寸的白玻璃可以切割成数千颗准直镜头，而利用 WLO 工艺可以有效降低制造成本。相对普通的手机摄像头镜头，其缺点在于不能调焦，但是 LDM 本身只需要将定点的点光源转换成线光源即可。WLO 镜头与传统光学镜头的对比如表 6.10 所示。

表 6.10　WLO 镜头与传统光学镜头的对比

	WLO 镜头	传统光学镜头
加工方式	玻璃晶圆上压印而成，一个 8 英寸晶圆上有 4 000~6 000 个镜头	玻璃或塑料单个地注射铸型
成本	低 30% 左右，原件使用更少，省去了人工过程	元件多，人工装配工作繁杂
是否需要调焦	镜头在晶圆级水平已经固定，不需要调焦	需要复杂的人工调焦过程
尺寸	比传统光学镜头小得多	尺寸较大
一致性	所有镜头都是在同一晶圆上同时制造的，所以一致性好	单个制造，一致性差
是否忍受高温	制造过程中所用材料可以在 260℃条件下回流	不能忍受高温操作
生产良率	低	高

DOE 扩散片：门槛高，供应商较多

DOE 是利用光的衍射原理，将点光源转换为散斑图案。需要先制作三维的母模，其三维图像具备调制信息，然后母模再制作镜头。制作出的镜头拥有三维的图案，同时间隔都在微米级别，线性激光通过的时候发射衍射，同时衍射的角度和个数是受散斑图案影响的，衍射出来的光斑具备光斑的信息。DOE 扩散片的工作原理如图 6-51 所示。

目前 DOE 扩散片主要由德国的 CDA 公司制作。

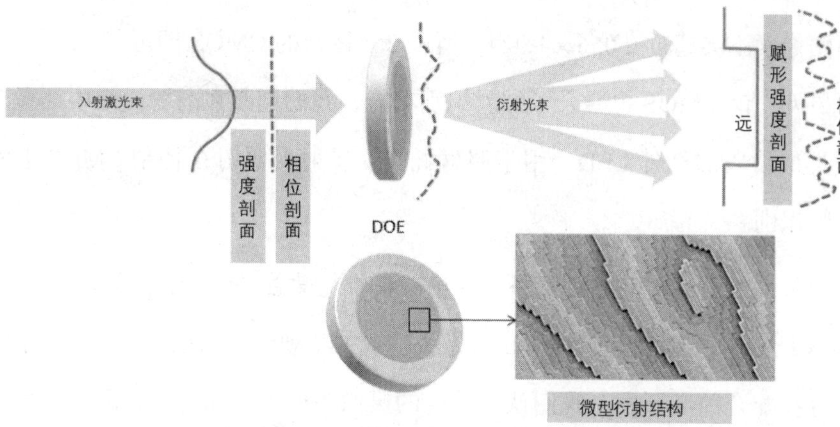

资料来源：中国报告网，2017，“2017 年我国 DOE 行业基本原理及产业链结构分析”。

图 6-51　DOE 扩散片工作原理

（3）接收端：融合虹膜识别，低通滤波器是主要瓶颈

低通滤波器只有两家供应商，充分享受行业爆发

相对于 LDM，接收端相对要简单很多，主要由镜头、滤波器和特制 CMOS 构成。由于接收端主要是接收反射回来的光斑来生成对象景深信息，所以只需要通过 940nm 的红外光即可，在镜头下面的滤波器需要过滤掉其他多余的光线，而该窄带滤波器制作工艺远大于传统的滤光片（需要镀 50 层以上的膜实现窄带带通，同时为保证透光性，不能使用蒸镀工艺），目前基本只有美国的 VIAV 和中国东部某滤光片大厂拥有。而从 VIAV 的业绩说明会来看，其很可能已获得了国际顶级手机客户的订单意向，考虑到该行业仅

有两家供应商，客户巨大的出货量将为 VIAV 带来充足的业绩弹性。

特制红外 CMOS，融合虹膜识别功能

该 CMOS 和普通的 RGB 不一样，因为主要是接收反射回来的光斑，发射光在通过低通滤波器之后，本身就是窄带光，所以不需要其他波长的感光点。而由于 LDM 的光斑本身不超过千个，接收反射光也不需要太高的像素，每幅图像素不会超过 2 056 × 1 024，所以 2M 像素的 CMOS 即可。

另外，该 CMOS 也融合了虹膜识别功能，我们判断在前置模组中还包含一颗类似波段的红外 LED，用于照射虹膜，反射光照射在特制 CMOS 上实现虹膜识别。

（4）模组厂：ASP 接近双摄，摄像头模组厂受益

整个发射、接收和前置 RGB 摄像头构成一个模组，目前主要是 LG 集团和夏普在配合前期开发，我们认为普通的摄像头模组厂如舜宇、欧菲、丘钛等也有能力进行配合，所以摄像头模组厂也会受益于前置摄像头单价的提升。

第六节　全面屏："屏见未来，全面来袭"

1. 从小米 MIX 到三星 S8，全面屏带来惊艳视觉体验，将成手机新卖点

显示屏是智能机中最贵的零部件，并且作为第一颜值担当，从来都是备受关注的。为了在日趋同质化的竞争中取得差异化优势，显示屏技术的革新从未停止。一直以来，显示技术的革新沿着两条主线进行：内部材料的变革和外在尺寸的扩大。

在材料方面，显示材料的革新更多的是从内在提升屏幕的性能。第一代显示技术是 CRT（阴极射线显像管），通过电子枪轰击荧光粉发光；第二代显示技术是 LCD（液晶显示器），在背光下通过液晶的旋光性控制光的强弱；第三代显示技术是 OLED（有机发光二极管），通过在有机发光层电子和空穴结合传递能量给有机发光物质自行发光。和 LCD 相比，OLED 屏更柔性、更轻薄、对比度更大、色域更广、功耗更低，也更适合做全面屏。

OLED 和 LCD 的结构及性能对比分别如图 6-52 和表 6.11 所示。

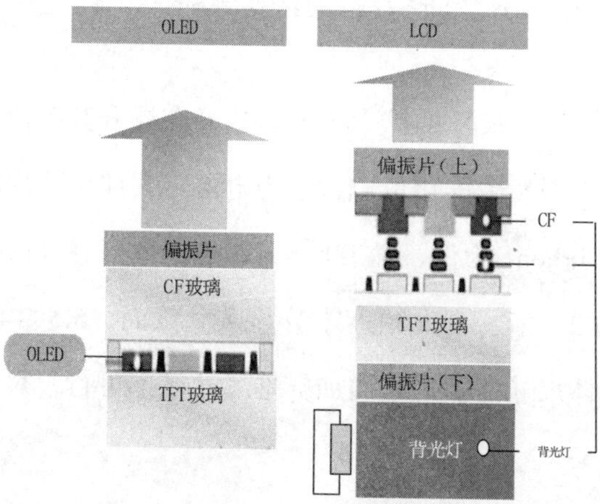

资料来源：OLEDindustry，方正证券，20170625，"电子行业深度报告：全面屏，'屏'见未来，全面来袭"。

图 6-52　OLED 和 LCD 结构对比

表 6.11　OLED 性能明显优于 LCD

参数	OLED	LCD
功耗	低	高
厚度	薄	厚
重量	轻	重
边框	窄	宽
可视角	宽	窄
对比度	高	低
色域	宽	窄
响应速度	快	慢
最大亮度	高	低
单位生产成本	高	低
良率	相对低一些	高
寿命	高	高
图像老化	严重	不严重

资料来源：方正证券，20170625，“电子行业深度报告：全面屏，‘屏’见未来，全面来袭”。

在尺寸方面，屏幕尺寸的扩大主要是从外在提升其颜值，更加美观，并且改善用户体验。当然大屏化也包含了为电池、其他功能模块争取更多内部空间的用处。以 iPhone 为例，从 iPhone4 的 3.5 寸到 iPhone6 Plus 的 5.5 寸，面积约为之前的 2.3 倍，变大幅度十分显著。然而，5.5 寸已经接近手握极限，依托手机整体尺寸的扩大来增加屏幕尺寸已不可行，尺寸的革新似乎陷入僵局，见图 6-53。

小米 MIX 的发布突然让人眼前一亮，在整机尺寸并无变化的情况下主屏达 6.4 寸，屏占比 84%，比以窄边框为卖点的 HOV 高出一个层次。小米

MIX 采用 LTPS LCD 屏，两边窄边框 2.92mm，屏占比的大幅提升得益于上边框的“消失”：Rec① 取消开槽，采用屏幕发声方案，具体是使用压电陶瓷 + 悬梁臂 + 中框共振；前置摄像头置于手机右下方；距离传感器采用超声波，通过屏幕上边和上边框之间的缝隙来实现；指纹识别后置，使得下边框也得以收窄。

iPhone4 3.5寸　iPhone5 4寸　iPhone6 4.7寸　iPhone6 Plus 5.5寸　iPhone7 Plus 5.5寸　iPhone8 5.8寸

资料来源：中关村在线，方正证券，20170625，“电子行业深度报告：全面屏，‘屏’见未来，全面来袭”。

图 6-53　iPhone 屏幕尺寸的演变

如果说小米 MIX 只是全面屏的一次尝试，那么三星 S8 的发布则真正揭示了全面屏时代的到来。同样在整机尺寸并无大变化的情况下，S8/S8+ 主屏尺寸分别从上一代的 5.1 寸、5.5 寸升级为 5.8 寸、6.2 寸，屏占比高达 84.2%。三星 S8 系列采用自家的柔性 OLED 屏，两边窄边框 1.82mm，比小米 MIX 更窄，虽然上边框还在，但是明显缩短，下边框由于指纹识别后置、驱动芯片采用 COP 封装技术也大大缩短。

小米 MIX6.4 寸屏与三星 S8+6.2 寸屏分别如图 6-54、图 6-55 所示。

① Rec 是计算机术语，全称是 Regional Echomail Coordinator，区内会议信件协调人。

资料来源：小米官网。

图 6-54　**小米 MIX6.4 寸屏**

资料来源：三星官网。

图 6-55　**三星 S8+6.2 寸屏**

我们不难发现，小米 MIX 和三星 S8 的屏幕看起来都更长一点，这也是全面屏手机给人的最直观感受，普通手机屏幕比例为 16：9，小米 MIX 的比例为 17：9，三星 S8 的为 18.5：9。全面屏通常是指屏占比在 95% 以上，屏幕比例 18：9 或者更大，较目前 70% 左右的屏占比有质的提升，小米 MIX 和三星 S8 的屏占比距离 95% 还有一定距离。

2. 全面屏潮流带动普通 TFT 大屏化，中小尺寸面板厂受益

目前大部分智能机仍然是 LCD 屏。根据 CINNO 数据，智能机使用屏幕中 LCD 占了 82.2%，OLED 只占了 17.8%，而且这里面还包括了硬屏，真正的柔性屏智能机还非常少。

虽然 OLED 是全面屏的最好选择，但是作为一项刚成熟的技术，产能还比较紧张。OLED 面板总体格局是韩系厂商独霸天下，中、日厂商加速追赶。三星和 LG 常年占据 95% 以上份额，在 2~3 年内不会改变。其中 LG 聚焦大尺寸 OLED，目前在中小尺寸 OLED 产线投入也有提高。三星在中小尺寸领域属于绝对的霸主，2016 年出货量 3.7 亿片，份额超过 95%。面板制造商情

况如表 6.12 所示。

表 6.12　面板制造商情况

面板制造商	2015Q4	2016Q1	2016Q2	2016Q3
三星	77.5	86.86	98.38	99.72
LG	0.1	0.03		0.1
友达光电	0.3	0.26	0.1	0.1
和辉光电	0.18	0.2	0.58	1
天马				0.23
维信诺			0.01	0.18
合计	78.08	87.35	99.07	101.33

资料来源：IHS，方正证券研究所整理。

全面屏潮流已起，在 LCD 屏手机占绝大部分而 OLED 产能又很紧张的背景下，LCD 屏的品牌厂商对全面屏是保持观望还是奋力一搏？答案自然是后者，首先，厂商应用全面屏的意愿非常强烈。LCD 屏，特别是采用 LTPS（低温多晶硅技术）屏的品牌厂商在追求全面屏的路上从未止步。比如华为 Mate 系列一直以窄边框为卖点，从 Mate7 的 3.1mm 到 Mate9 的 2.7mm，不断挑战边框极限。更重要的是，这些品牌厂商，特别是占据全球份额 40% 以上的国产品牌要想在中高端市场与苹果、三星竞争，维持乃至提升自身的占有率，在拿不到柔性 OLED 产能的情况下，就必须用 LCD 实现全面屏，这种大屏化的手机设计将在未来 3 年有望快速普及。

首先，在芯片封装方面，目前 COF（常称覆晶薄膜）产能主要集中在中大尺寸，COG（玻璃衬底芯片）集中在中小尺寸。要做全面屏模组厂需要重新投资中小尺寸的 COF 绑定，产能缺口较大。同时，COF 封装需要超细 FPC（柔性电路板）和高要求的绑定工艺，成本也比 COG 要高。根据产业链调研情况，COF 单价比 COG 单价要高出 9 美元左右。

其中，全球 COF 制造企业能量产 10 微米等级的制造商，并且形成规模化生产的主要分别为韩国的 Stemco 和 LGIT、我国台湾的欣邦和易华以及日本的新藤电子，Stemco、LGIT 和新藤电子能做双面超细 COF 基板，欣邦和易华是单面的产能。

其次，在面板切割工艺方面，对 LCD 玻璃基板进行异形切割，除了使用镭射切割前期投资成本较高外，还存在以下制约因素：（1）CO^2 镭射必须要以其他方式先于边缘制作一初始裂纹，搭配较长的磨边时间将弧角修饰出来；（2）面板异形切割后 Cell 边缘存在微缺口，需要进行边缘平整和边强提升工序；（3）考虑到 LTPS 玻璃基板硬度较高，为防止应力造成的边缘破损，异形切割时 R 角不能超过 2 度。因此，对玻璃基板进行异形切割，成本和良率都是严重的制约因素。

最后，在背光模组方面，LED 背光灯对导光板需要一定入光距离，当应用全面屏做窄边框时，相当于入光距离也被缩短，从而影响光从导光板射出的辉度和均匀度。因此需要对导光板的模式重新设计、结构进行改进，比如可以利用疏密、大小不同的微结构图案设计保证辉度，并使导光板面均匀发光，如图 6-56 所示。

根据日本厂商目前可以做到的极限，使用 COF 下边框可以做到 2.5mm 以下，不过成本要比 COG 高出 9 美元左右，采用异形切割、调整背光模组之后成本将会更高。其实，COG 经过优化下边框也能做窄，面对产能的限制、高昂的成本，手机品牌厂商真愿意为几毫米左右的窄边框优势选择 COF、进行异形切割设备投资、调整背光模组吗？

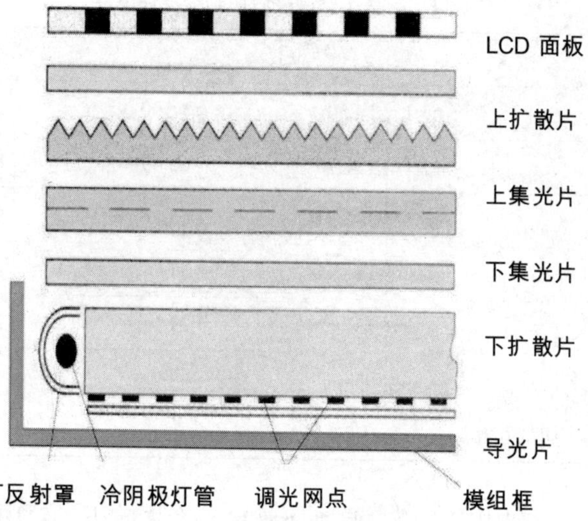

资料来源：模切之家，2016，《第 8 节 背光模组与触控模组材料知识介绍》。

图 6-56　背光模组结构

我们认为国产厂商更多的将是采取一种折中方案，使用 COG 封装，将下边框做到 9mm 以下，最主要的是在整机尺寸不变的情况下将之前的 5.2/5.5 寸屏升级为 5.7/6 寸，推出“低配版”全面屏。而苹果等高端品牌机型的屏幕变革将进行得更加彻底一些，采用 COF 封装、增加异形切割工序等，努力将下边框收窄至 5mm 以下，这也是全面屏技术的长期选择。

全面屏对于面板供应链最大的影响在于对中小尺寸面板产能的需求增加。以 16：9 的 5.5 寸屏升级为 18：9 的 6 寸屏为例，在整机尺寸不变的情况下屏幕面积增加了 11.4%，并且全面屏渗透率越高，拉动的需求也就越多。

同时，玻璃切割的经济性下降，产能利用率也随之降低，以 6 代线玻璃基板计算，基本忽略切割损耗，16：9 的 5.5 寸屏切割利用率比 18：9 的 6 寸屏利用率要低近 4%，这对上游玻璃供应厂是一个很大的考验，玻璃原厂需重新排产线及优化工艺，不过也带来更高的溢价及产品附加值。此外，全面屏产品前期良率较低，也会损耗部分产能。具体如表 6.13 所示。

表 6.13　屏幕比例调整后切割经济性下降

<table>
<tr><th colspan="2"></th><th>长</th><th>宽</th><th>面积 / 数目</th></tr>
<tr><td colspan="2">6 代线玻璃基板</td><td>1 850</td><td>1 500</td><td>2 775 000</td></tr>
<tr><td colspan="2">5.5 寸屏（16：9）</td><td>121.76</td><td>68.49</td><td>8339</td></tr>
<tr><td colspan="2">6 寸屏（18：9）</td><td>136.31</td><td>68.16</td><td>9291</td></tr>
<tr><td colspan="2">5.5 寸屏切割数目</td><td>15</td><td>21</td><td>315</td></tr>
<tr><td colspan="2">6 寸屏切割数目</td><td>13</td><td>21</td><td>273</td></tr>
<tr><td rowspan="2">利用率</td><td>切割 5.5 寸</td><td colspan="3">95%</td></tr>
<tr><td>切割 6 寸</td><td colspan="3">91%</td></tr>
</table>

在尺寸增加、利用率下降、良率下滑的综合影响下，对中小尺寸面板的需求有望提升 10% 以上。这对于产能比较宽裕的 LCD 来说，中小尺寸面板持续降价的趋势有望缓解；而对于原本产能就比较紧张的 OLED 无疑是雪上加霜。

手机正面除了屏幕，还需要有受话器、前置摄像头、光线 / 距离传感器和指纹识别等零组件，上下边框处还放置了天线。在非全面屏时代，零组件主要通过开孔的形式置于上下边框，而在全面屏时代，边框的收窄成为当务之急，需要把其他器件体积也做到极致小，带来工艺难度和成本的大幅提升，即便折中方案也需要一定程度的改进。

3. 全面屏带动其他零组件单价提升

（1）指纹识别：中低端倾向于后置，高端选择光学和超声波式 UD（超低色散镜片）

四种可选方案：取消、后置、Under Display 和 In Display

正面指纹识别在手机下边框占据了较大一部分宽度，为了保持全面屏的视觉冲击力，指纹识别可以有以下几种替代方案：取消指纹识别、背面 / 侧面指纹识别、Under Display 和 In Display。究竟哪种方案才是全面屏的天作之合呢？

取消指纹识别就是采用虹膜 / 人脸识别作为替代指纹识别。

背面 / 侧面指纹识别就是把指纹识别模组放置在背面或者侧面，前者以三星 Galaxy S8 为代表（见图 6-57），后者以索尼 Xperia X Ultra 为代表（见图 6-58）。

Under Display 是把指纹识别芯片放置在显示模组下方，可以同时实现全面屏和指纹识别的功能，见图 6-59。

资料来源：三星官网。

图 6-57　三星 Galaxy S8 的后置指纹识别

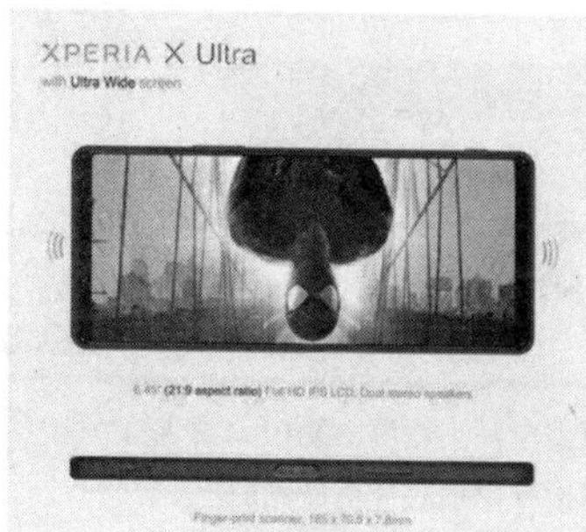

资料来源：索尼官网。

图 6-58　索尼 Xperia X Ultra 的侧面指纹识别

In Display 是对 Under Display 的进一步发展，是把指纹识别芯片集成到 OLED 像素矩阵中，见图 6-60。由于电容式穿透能力差，在这种模式下基本已无法工作，所以光学和超声波是 Under Display/ In Display 的最佳选择方案。

超声波式指纹识别由高通首次推出，之后在小米 5S 上得到应用，通过超声波来感应指纹，能穿透玻璃、金属表面。虽然识别准确率还有待提升，但其无需开孔、无需直接接触、不受湿手指和微脏污影响的优势能显著增强用户体验。在产业链进一步成熟、准确率进一步提升之后，有望成为全面屏指纹识别非常可行的方案之一。

光学式指纹识别目前在产业链成熟度和精度上都有更好表现，有望成为全面屏的标配指纹识别技术，苹果新机也大概率采用光学方案。光学方案是依靠光线反射探测指纹纹路，所以光学 Under Display/ In Display 更适合与 OLED 屏配合，因为 OLED 面板具有自发光的特性，使得各像素之间可以留有一定间隔，保证光线透过。

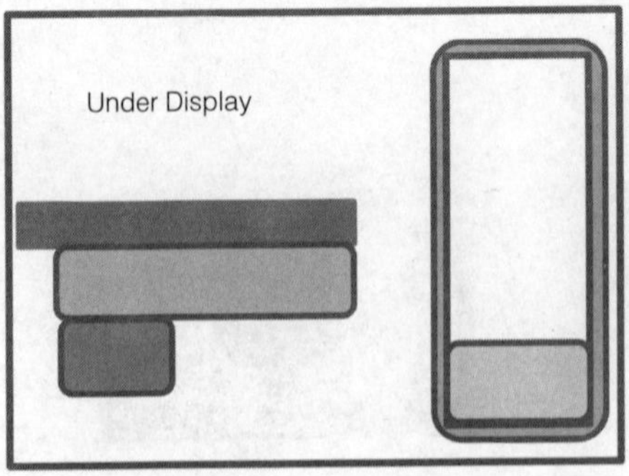

资料来源：张竞扬，2017 年 4 月 17 日，“面板厂将指纹识别芯片革命到底”。

图 6-59 Under Display 指纹识别

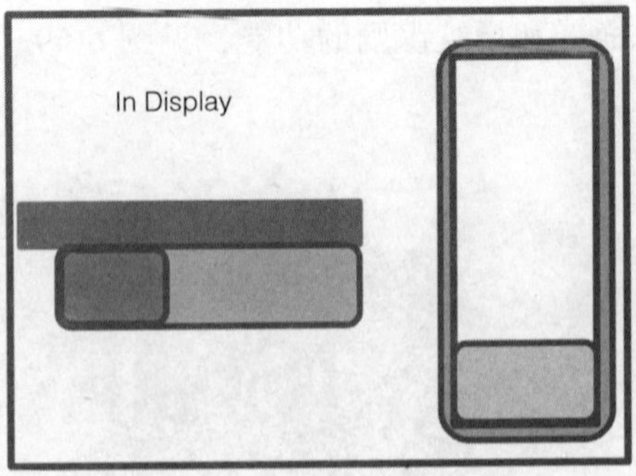

资料来源：张竞扬，2017 年 4 月 17 日，“面板厂将指纹识别芯片革命到底”。

图 6-60 In Display 指纹识别

中低端倾向于后置，光学和超声波式 UD 是未来发展方向

首先，取消指纹识别会影响识别速度和准确率，可行性较小，以 S8 为例，指纹识别速度最快，虹膜识别准确率最高但是反应时间较长，而脸部识别准确率低。

其次，In Display 作为 Under Display 的下一代技术，需要指纹识别芯片集成到 OLED 像素矩阵中，难度很大。

对于后置方案，虽然体验不佳，但成本是最低的，技术也是最成熟的，

中低端品牌更倾向采用后置指纹识别作为过渡方案，毕竟三星 S8 也采用了后置指纹识别，同时大幅增加 TSV（穿过硅片通道）超薄封装的需求。至于正面光学 / 超声波 Under Display 方案，由于拥有较好识别体验，可以实现全屏幕指纹识别，有望被苹果等高端品牌使用，也是未来指纹识别的发展方向。图 6-61 展示了一种苹果的指纹识别专利。

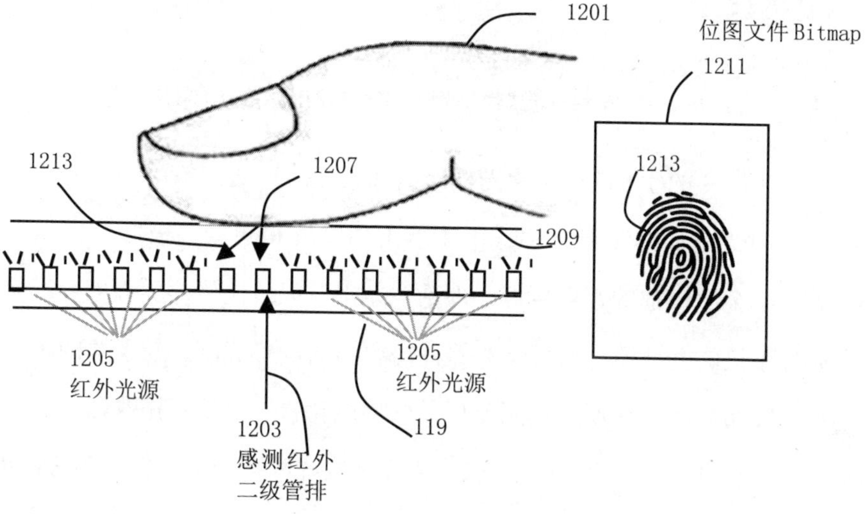

资料来源：Mikey Campbell（appleinsider），2017，*Apple patents screen tech capable of reading fingerprints without dedicated sensor*。

图 6-61　苹果的指纹识别专利

（2）天线：窄边框也需向极限"净空"让步，设计难度增加

在手机天线设计中，为了保证天线的良好性能，天线安装需要远离金属，即天线主体周围需要一部分"净空"，如图 6-62 所示。天线振子离地太近会增加对地电容，影响天线匹配，信号受到干扰。

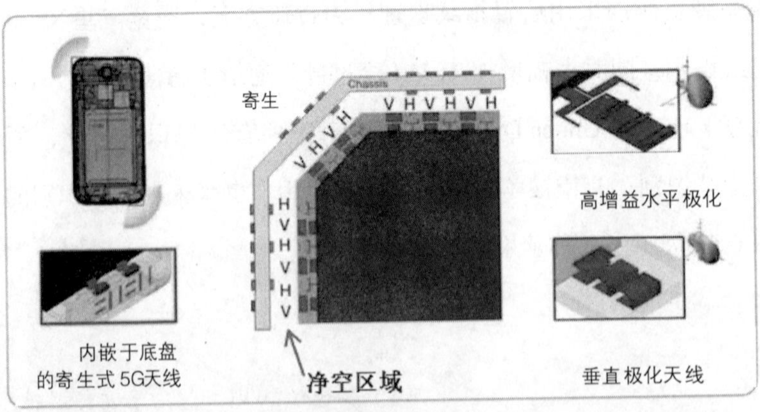

资料来源：射频百花潭，方正证券研究所整理。

图 6-62　天线与金属物质需要保持一定距离的净空

传统的 16 : 9 的手机 LCM 背光模组到整机底端一般会有 9mm 左右的主净空，但对于全面屏手机来说，由于上下边框变得更窄，极限可以做到 6mm，天线与金属中框的距离更近，理论“净空”区域比传统屏幕更少。另外，全面屏手机的受话器、摄像头等器件需要更高的集成度，与天线的距离也更近，天线布局时是需要远离照相机、软性电路板、电池、振荡器、屏蔽罩的，这样给天线留下真正的“净空”区域比传统屏幕更少。以三星 S8 为例，显示模组距离整机底端只有不到 5mm 的主净空。所以，在全面屏时代，手机天线需要重新优化设计，对天线厂商提出了更高的要求。

国内的 Wi-Fi 天线龙头信维通信提出了一种全面屏下天线设计方案，将天线设计成一部分在接地板的上部，一部分在接地板的外部，仅需要一个非常小的天线净空即可（约 3mm）。这个 3mm 净空是对应于围绕显示屏的塑件外壳的宽度的，因此由于这个小的净空可以使得近乎整个正面都可以用作屏幕显示，见图 6-63。

值得注意的是，这个方案涉及的围绕显示屏的是塑件外壳，如果换成主流的金属框，净空区域的极限会到4mm，相对于目前上下窄边框6mm的极限，这个净空距离显得有些大，但是通信性能始终是手机的核心性能，不能过多让步，要做到3mm以下的净空也许需要非金属框替换金属框，比如陶瓷。

此外，可以对屏幕上下角后背部分的金属切除来改善天线性能（见图6-64），不过屏后背部分金属切除会导致成本增加以及结构强度变弱，所以需要综合考量天线性能、成本、结构强度。随着iPhone 8开始支持无线充电，不少手机厂商可能会跟进，那么在后续的NFC天线设计上可以与无线充电线圈整合为一个模组。

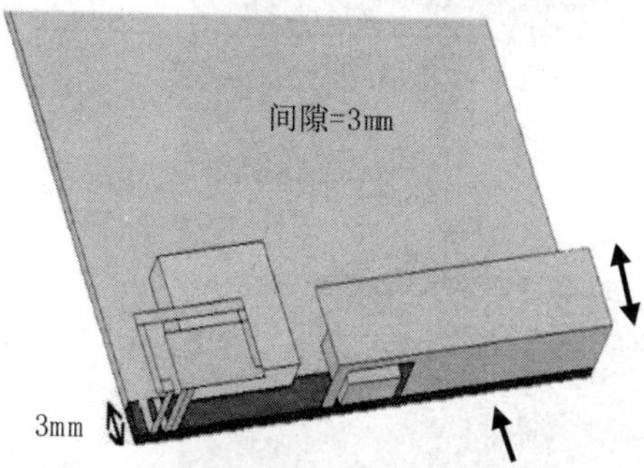

资料来源：信维通信官网。

图6-63　信维通信提出的全面屏下天线方案

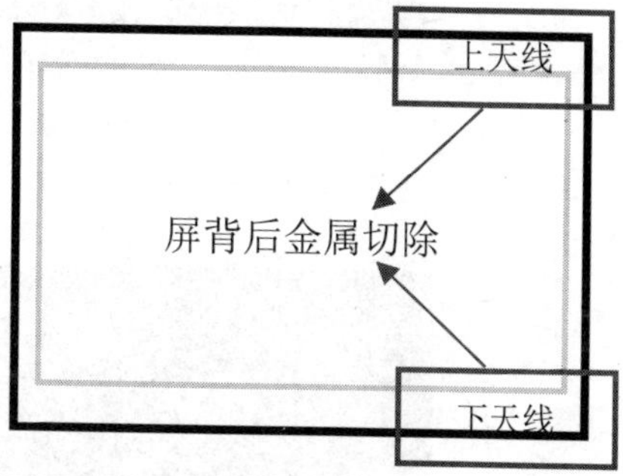

资料来源：电子发烧友网。

图6-64　屏幕上下角背后金属切除改善性能

（3）听筒：设计短期小幅改进，看好面板U形切割优化开槽方案

三种替代方案：压电陶瓷、激励器和面板U形开槽切割

传统受话器是在手机额头上开一个槽，用来实现通话功能。但在全面屏下，传统开槽方案上边框较大，会影响全面屏视觉效果，所以各厂商普遍尝试其他方案而规避传统方案。这些替代方案可分为三类：压电陶瓷、激励器和面板U形开槽切割方案。

压电陶瓷方案以小米MIX为代表，发声需要压电陶瓷、悬梁臂、中框三部分。压电陶瓷发出模拟音频后通过悬梁臂打击手机中框振动发声，见图6-65、图6-66。

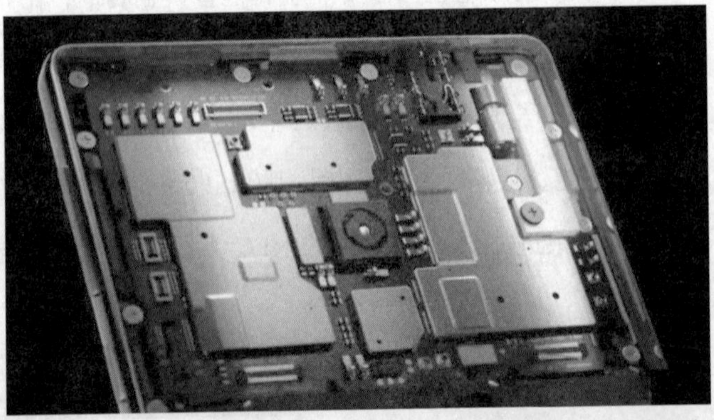

资料来源：米柚网，2016，“小米 MIX 终于有了小米一直想要的黑科技，但究竟有多黑”。

图 6-65　压电陶瓷方案布局

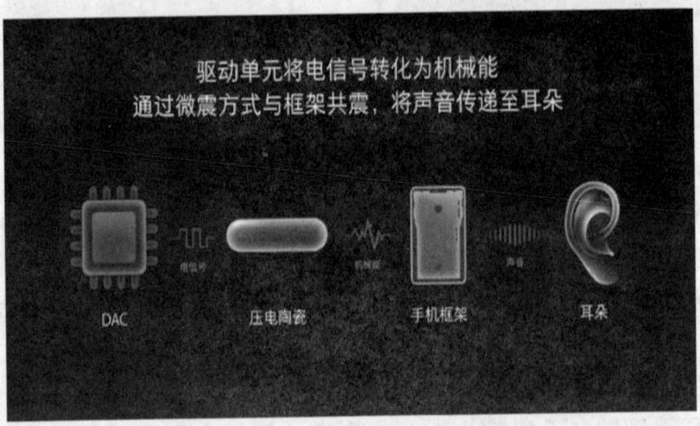

资料来源：恒亮，2016，“6.4 寸全面屏！小米首款概念机 MIX 究竟长什么样”。

图 6-66　压电陶瓷方案原理

激励器是 AAC 公司力推的方案，将用在小米 MIX 2 上。该方案是通过 AAC 公司特有的屏幕发声技术，实现通话功能。

面板 U 形开槽切割方案，即在面板上方利用异形切割割出一块 U 形区域用于 Rec 槽放置，而不是预留一整片区域，此方案仍需在手机正面开槽，但可以保持全面屏的优势。

听筒设计短期小幅改进，看好面板 U 形切割优化开槽方案

五花八门的替代方案下，手机品牌的选择真有如此之多吗？对于压电陶瓷方案，由于中框震动周围空气实现传声，手机背面和正面的音量一样，所以在安静环境下声音容易泄露，并不安全。而且通话时整个手机框体都在震动，体验不佳。音质也存在问题，小米 MIX 在低频回放时出现了沙哑的情况。

激励器是 AAC 主推的方案，实现屏幕发声。与上一代压电陶瓷方案相比，激励器不仅功耗更低，所占空间还进一步减少（屏幕间隙不低于 0.05mm 即可），可以有效提高低频音质和减少失真，通话质量较好但是私密性不佳。压电陶瓷、激励器和传统方案对比如表 6.14 所示。

表 6.14　压电陶瓷、激励器和传统方案对比

	压电陶瓷（普遍使用的屏幕发声方案）	直线电机（激励器）（机械振动屏幕或中框）	传统受话器（传统应用通话方案）
尺寸	尺寸较大	6mm × 15mm × 2.6mm	与直线电机（激励器）相近
安装方式	需特殊的悬臂梁式安装	双面胶固定或锁螺丝	双面胶固定，中框需开槽
占用空间	需占用大量空间	周围间隙不小于 0.05mm 即可	与 AAC 激励器相近
驱动电压	9Vrms①	2.83Vrms	0.566Vrms
SPL	低频不足	饱满的低频	曲线平滑
THD	失真严重，有多处尖峰	失真低	失真低
3GPP	基本无法通过	容易通过	容易通过

资料来源：手机报，方正证券，20170625，“电子行业深度报告：全面屏，‘屏’见未来，全面来袭”。

① Vrms（voltage root mean square）是电压的均方根，表示交流信号的有效值或有效直流值。

此外，较高的成本也是难以推广的重要原因。从三星 S8 上可以看出目前主流品牌厂商对于 Rec 的处理方法：短期对听筒设计略做改进使得上边框小幅收窄，单价也略有提升。长期来看，技术成熟后面板 U 形开槽切割方案有望推广，因为此方案屏幕能布满整个手机正面，只在最上方切割出一部分用于放置受话器，开槽方案的音质有保证，而且柔性 OLED 是比较容易做异形切割的。

（4）前摄：保持上边框开孔，模组 MOB、MOC 封装有望广泛使用

三种可选方案：置于边框、异形切割开孔和隐藏式

同样，为了保持全面屏的视觉效果，前置摄像头也有三种方案：置于边框、异形切割开孔和隐藏式。

置于边框可以分为放置在上边框和下边框，前者以三星 S8 为代表，其上边框较窄，对摄像头封装体积要求比较高。后者以小米 MIX 为代表，将前置摄像头放置于右下方，并且不影响拍摄质量。

异形切割开孔是利用 OLED 的自发光特性，在屏幕上方切割出一小部分空间用于前置摄像头，实现“屏内摄像头”，而不影响全面屏的总体效果。该技术要求摄像头模组镜头小型化，减小开孔区域，而 CMOS 芯片置于屏幕下方，不影响显示效果。

隐藏式就是把摄像头隐藏在面板的下面。该方案只能应用于 OLED 面板，因为 OLED 是自发光且可以实现对单个像素点的控制，在需要拍照时可以控制摄像头区域的像素点不发光而呈现透明状态，从而实现拍照功能。

前摄：上边框开孔为主，MOB、MOC 封装技术助力模组小型化

我们认为目前大部分主流厂商仍会以上边框开孔为主。小米 MIX 的置于右下方方案会影响拍摄角度（见图 6-67）；摄像头开孔直径较小，异形切割开孔技术难度较大。隐藏式方案理论上是全面屏时代最完美的解决方案，但是受限于面板遮挡带来的通光量不足和光线折射，成像效果远不如预期，只停留在理论阶段。

资料来源：电子工程网，方正证券，20170625，“电子行业深度报告：全面屏，‘屏’见未来，全面来袭”

图 6-67　小米 MIX 的前置摄像头在右下方

上边框开孔方案对摄像头的封装尺寸提出了更高要求，从模组封装角度，传统的 COB（Chip On Board，见图 6-68）封装将会被 MOB（Molding On Board，见图 6-69）和 MOC（Molding On Chip）替代。在传统的 COB 封装工艺中，感光芯片（2P）被安装于线路板（1P）上，滤光片（4P）、马达（5P）被安装于底座（3P）上。底座通常是一个塑料支架，通过粘接的方式固定于线路板上，由于其自身的制造因素，在平整性上较差，因此不能为马达、镜头（6P）和滤光片提供良好的安装条件，而且底座通常粘接于线路板上，这些都增大了摄像模组整体的累积误差。此外，一些电路器件（11P），比如电阻、电容等，也位于线路板表面。

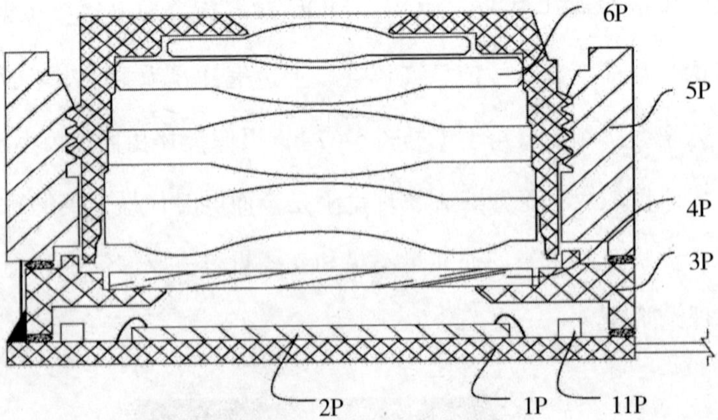

资料来源：CC专利网，方正证券，20170625，"电子行业深度报告：全面屏，'屏'见未来，全面来袭"。

图 6-68　COB 封装模组剖视示意图

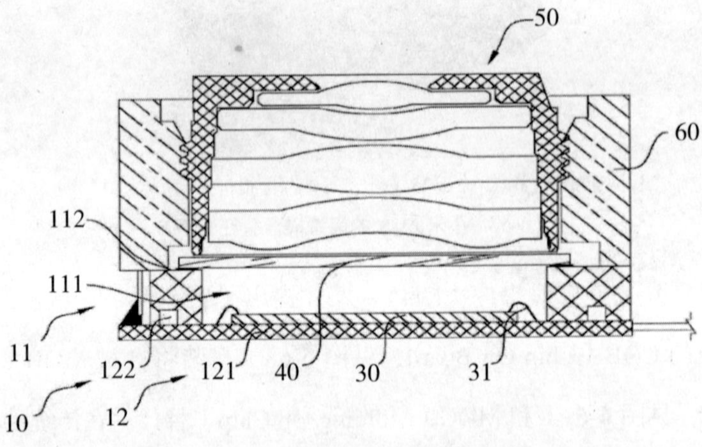

资料来源：CC专利网，方正证券，20170625，"电子行业深度报告：全面屏，'屏'见未来，全面来袭"。

图 6-69　MOB 封装模组剖视示意图

新型封装技术 MOB 最大的区别在于线路板组件（10）由封装部（11）和线路板部（12）组成，封装部相当于之前的底座，通过模塑工艺连接于线路板部，构成一体化结构，由于封装部将电路器件包覆于内部，从而增加了封装部（底座）可以向内设置的空间，减小了线路板主体向外延伸需求，从而减小摄像模组的横向尺寸，使其可以满足小型化需求的设备。

此外，封装部将电路器件包覆于内部，能防止灰尘、杂物停留于电路器件而污染感光芯片。一体化结构强度更高，无需粘接使得模组厚度减小，模塑工艺的表面平整性也使得累积公差减小。

在 MOB 基础上，如果将封装部（底座）进一步向内设置，把连接线也包覆于内部，通过模塑工艺除了与线路板部连接，还与感光芯片连接，则为 MOC 工艺，显然 MOC 工艺的模组横向尺寸更小，如图 6-70 所示。根据产业链调研结果，MOB 封装模组边长较传统 COB 封装能减小 11.4%，而 MOC 能减小 22.2% 的模组边长，见图 6-71。

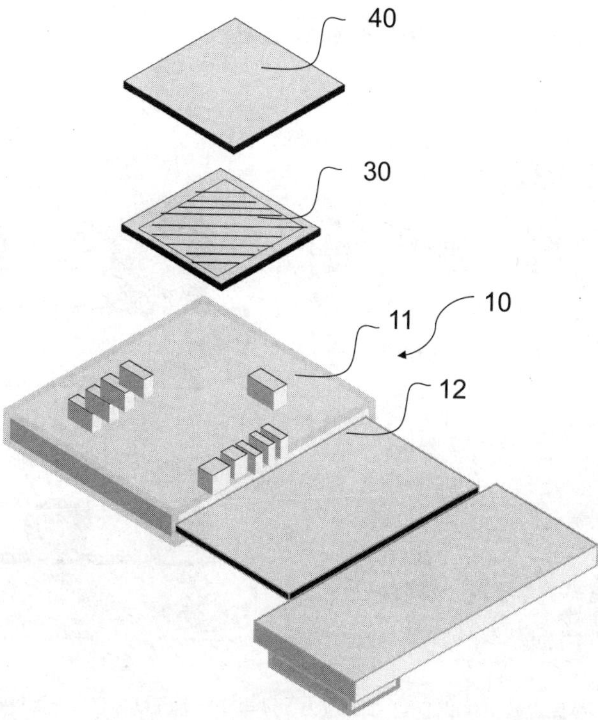

资料来源：CC 专利网，方正证券，20170625，“电子行业深度报告：全面屏，‘屏’见未来，全面来袭”。

图 6-70　MOC 封装模组立体分解部分示意图

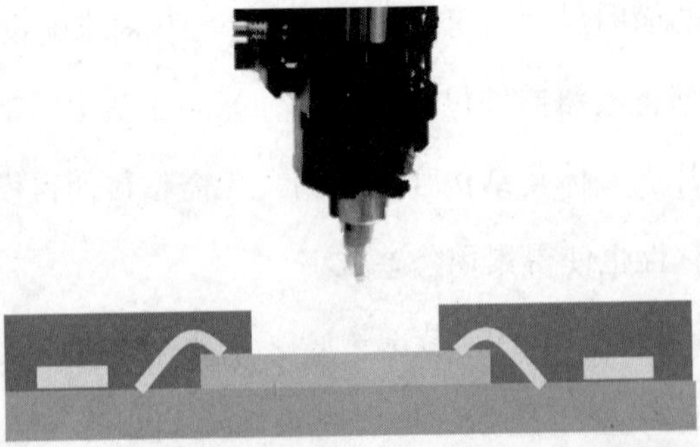

资料来源：CC专利网，方正证券，20170625，“电子行业深度报告：全面屏，‘屏’见未来，全面来袭”。

图 6-71　MOC 封装模组边长更短

当前技术可以实现的前置摄像头最小边长是6mm，如果采用锡球（Solder Ball）工艺，摄像头边长极限可以做到5mm，前摄微型化技术有望为上边框收窄打开较大突破口，如图 6-72 所示。

典型规格

(a)	凸点间距	176 μm
(b)	凸点高度	85 μm
(c)	UBM尺寸	80 μm（典型）
(d)	钝化开口	50 μm（典型）
(e)	凸点材料	SnAg (or PbSn)
(f)	芯片厚度（最厚情况）	200 μm

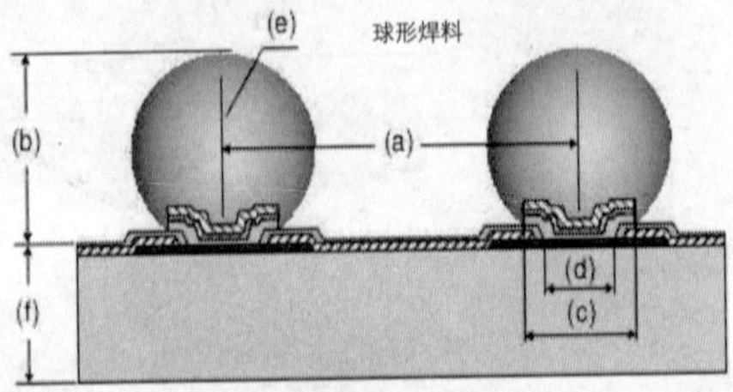

微型凸点芯片规格（例）

(a)	凸点间距	50μm
(b)	凸点高度	18μm
(c)	UBM尺寸	32μm（典型）
(d)	钝化开口	17μm（典型）
(e)	凸点材料	SnAg
(f)	芯片厚度（最厚情况）	150μm

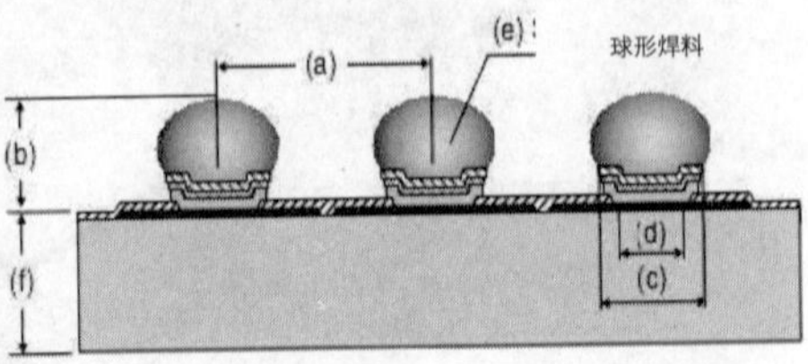

资料来源：全球半导体观察，方正证券，20170625，“电子行业深度报告：全面屏，‘屏’见未来，全面来袭”。

图 6-72　锡球工艺对锡球规格要求很高

光学/距离传感器：处理类似前摄

光线传感器可以让手机感测环境光线的强度，用来调节手机荧幕的亮度。由于光线传感器需要对外界光线特别敏感，最好还是在上边框开孔。距离传感器用于检测手机是否贴近耳朵正在通话，以便自动熄灭屏幕以达到省电和防止误触的作用，传统距离传感器是采用红外光来测量距离，也必须开孔。不过超声波可以避免这个问题，小米 MIX 采用超声波距离传感器，通过屏幕上边和上边框之间的缝隙来实现，见图 6-73。OPPO R11 则将光线/距离传感器置于 Rec 槽来缩短上边框。

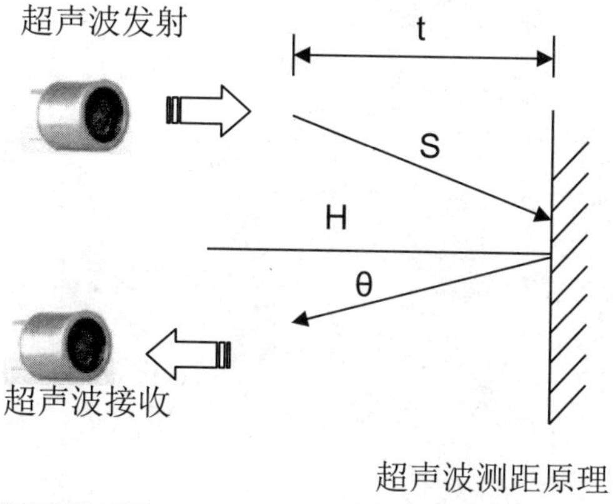

资料来源：小企鹅 diy 科学探究学习网。

图 6-73 小米 MIX 采用超声波距离传感器

附　录

TMT 行业产业链导图

通信产业链

注：加粗为国内上市公司

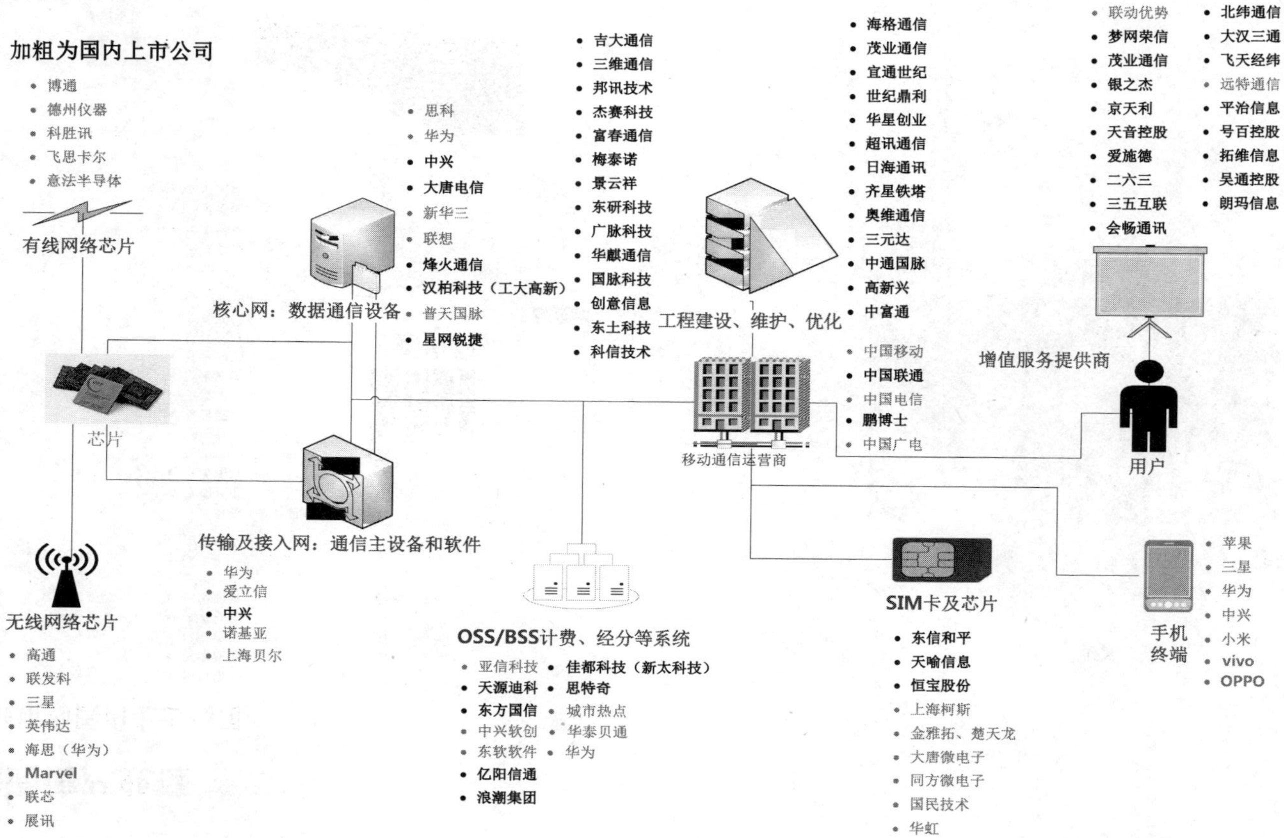

无线通信产业链

注：加粗为国内上市公司

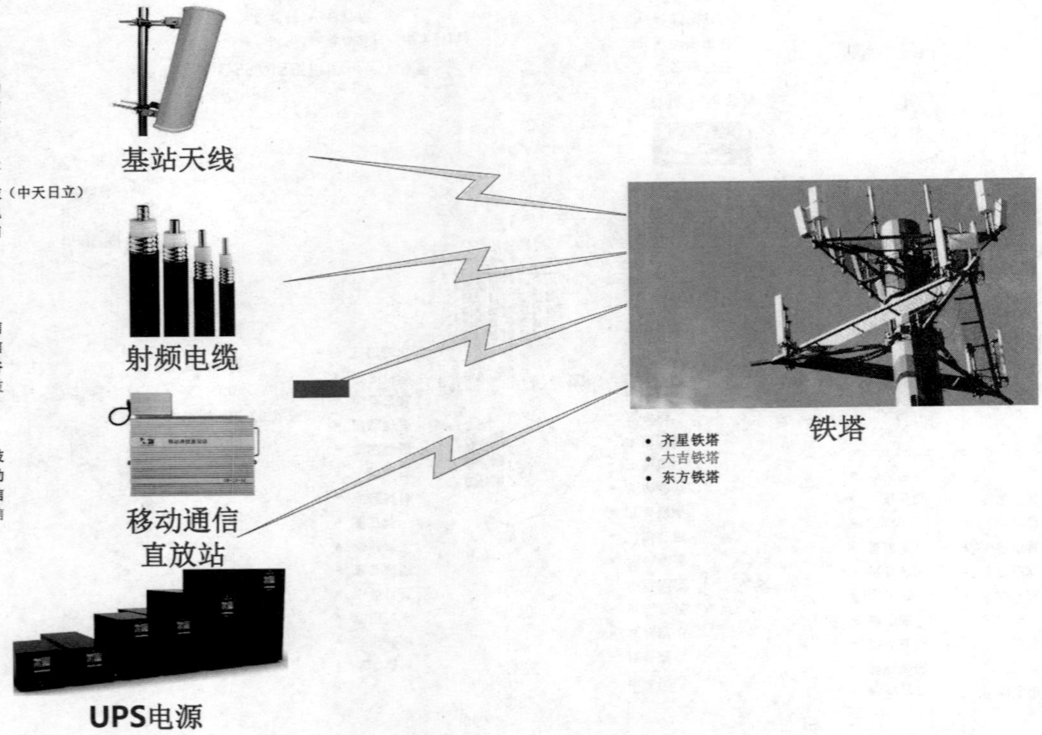

基站天线：

- **通宇通信**
- 华为
- 京信通信
- 亨鑫科技
- 摩比天线
- 中天宽带
- **武汉凡谷**
- **健博通**
- **晖速通信**
- 桑瑞通
- **大唐移动**
- **三维通信**
- 虹信通信
- 凯仕林
- 西安华天

射频电缆：

- **中天科技（中天日立）**
- **亨通光电**
- **联海通信**
- **盛华德**
- **瑞达恩**
- **金信诺**
- 安费诺
- **蓝麦通信**
- **晖速通信**
- **武汉凡谷**
- 亨鑫科技

移动通信直放站：

- 华为
- **中兴**
- **邦讯科技**
- **大唐移动**
- **三维通信**
- 虹信通信

UPS电源：

- 艾默生
- **中兴**
- 华为
- 中达电通
- 山特电子
- 施耐德
- **科士达**
- 志成冠军
- **科华恒盛**

铁塔：

- **齐星铁塔**
- 大吉铁塔
- **东方铁塔**

光纤通信行业价值链

注：加粗为国内上市公司

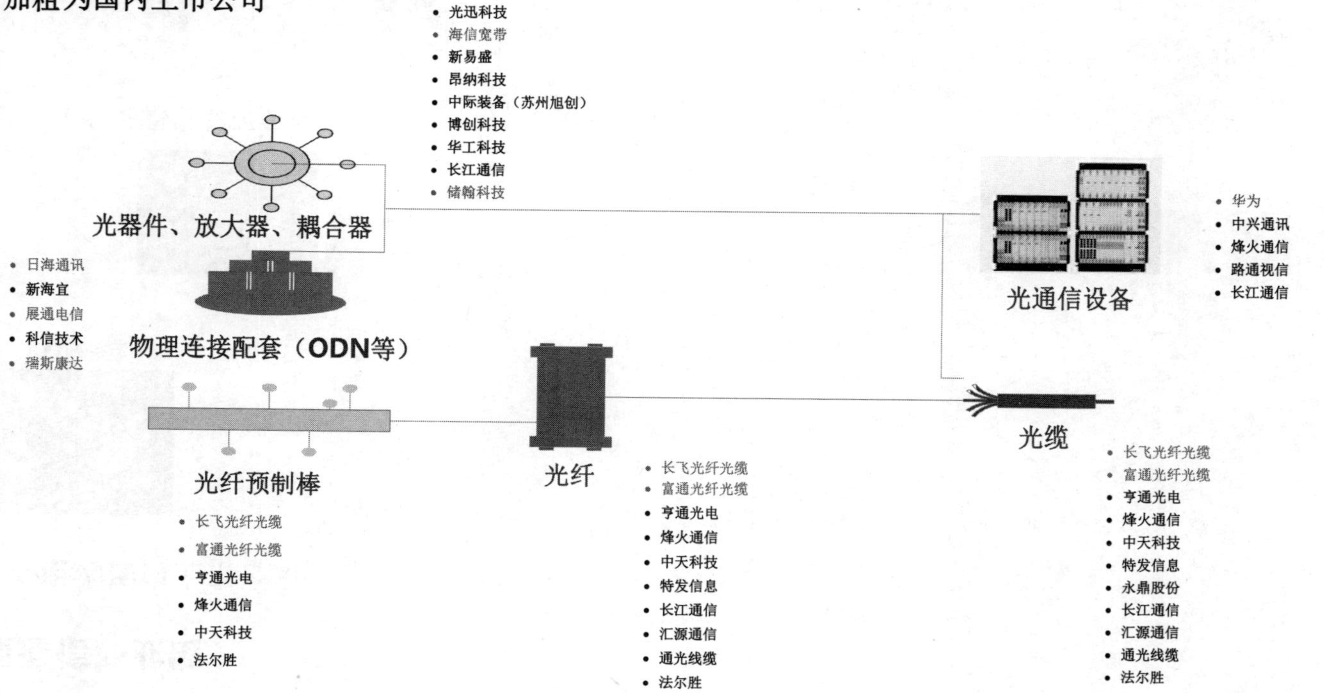

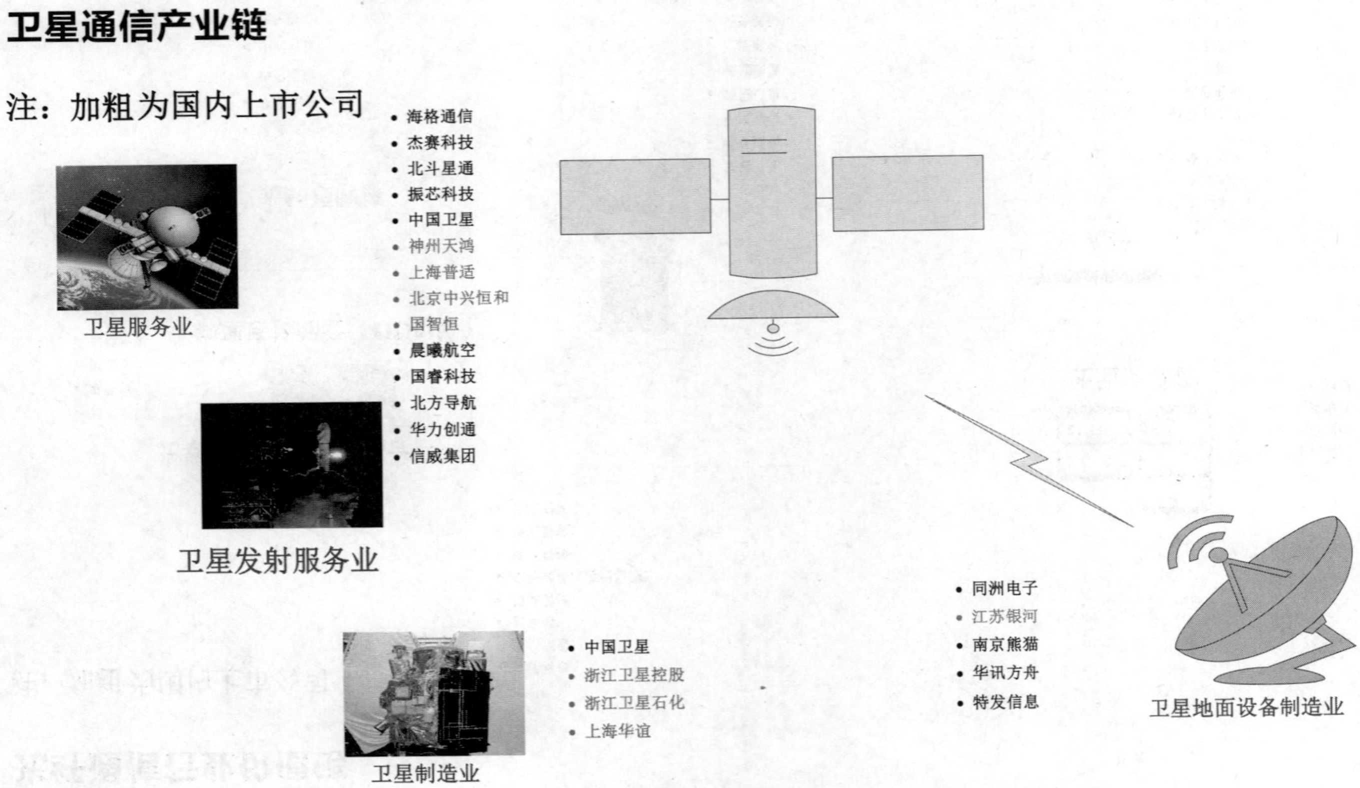
卫星通信产业链
注：加粗为国内上市公司
卫星服务业
• **海格通信**
• **杰赛科技**
• **北斗星通**
• **振芯科技**
• **中国卫星**
• 神州天鸿
• 上海普适
• 北京中兴恒和
• 国智恒
• **晨曦航空**
• **国睿科技**
• **北方导航**
• **华力创通**
• **信威集团**
卫星发射服务业
卫星制造业
• **中国卫星**
• 浙江卫星控股
• 浙江卫星石化
• 上海华谊
• **同洲电子**
• 江苏银河
• **南京熊猫**
• **华讯方舟**
• **特发信息**
卫星地面设备制造业

北斗导航产业全景图

注：加粗为国内上市公司

物联网行业价值链全图

注：加粗为国内上市公司

1.嵌入式操作系统

- 华为
- 中兴新支点
- 上海庆科
- **中科创达**

2. M2M通信服务

- 中国移动
- 中国电信
- **中国联通**
- **宜通世纪**
- 机智云
- 司南物联
- 南京物联

3. 服务应用及系统集成商

- **榕基软件**
- **高新兴**
- **银江股份**
- **易华录**
- **捷顺科技**
- 金智科技
- **安居宝**
- **东软载波**
- **优博讯**
- **移为通信**

通信终端及模组

- 中兴物联
- 上海移远
- **有方科技**
- **优博讯**
- 乐鑫信息
- **大唐电信**
- **东软载波**
- **东信和平**

中间件

- **中创软件**
- 金蝶
- **东方通**
- 锐易特软件
- 正益移动

智能卡

- **东信和平**
- 上海复旦微电子
- **上海贝岭**
- 清华同方微电子
- 华虹集成电路
- 中芯国际
- 大唐微电子
- 瑞萨

通信芯片

- **中兴通讯**
- **大唐电信**
- **厦门信达**
- **东软载波**
- **北京君正**
- 乐鑫信息
- **联盛德微**
- **中颖电子**
- 中科汉天下
- **国民技术**

传感器

- **汉威电子**
- **苏州固锝**
- **耐威科技**
- **中航电测**
- 信立科技
- **定华电子**
- 江苏多维科技
- **歌尔股份**

射频识别

- **新大陆**
- **远望谷**
- **上海贝岭**
- **航天信息**
- **海格通信**
- **亨鑫科技**
- **三维通信**
- **厦门信达**
- **欣天科技**
- **武汉凡谷**
- **大富科技**

仪器仪表

- **川仪股份**
- **汉威电子**
- **三川智慧**
- **汇中股份**
- **金卡股份**
- **新天科技**

第三方支付产业链示意图

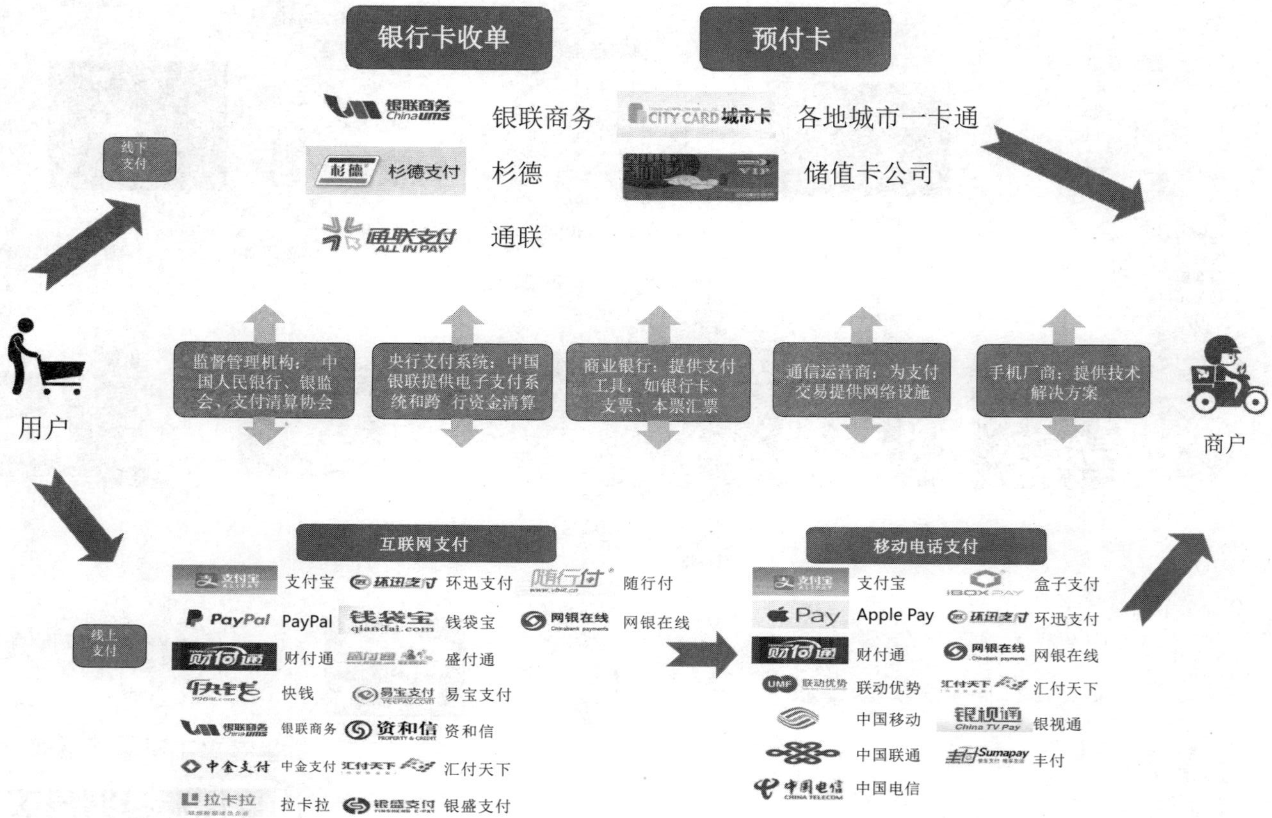

人工智能行业图谱

注：加粗为国内上市公司

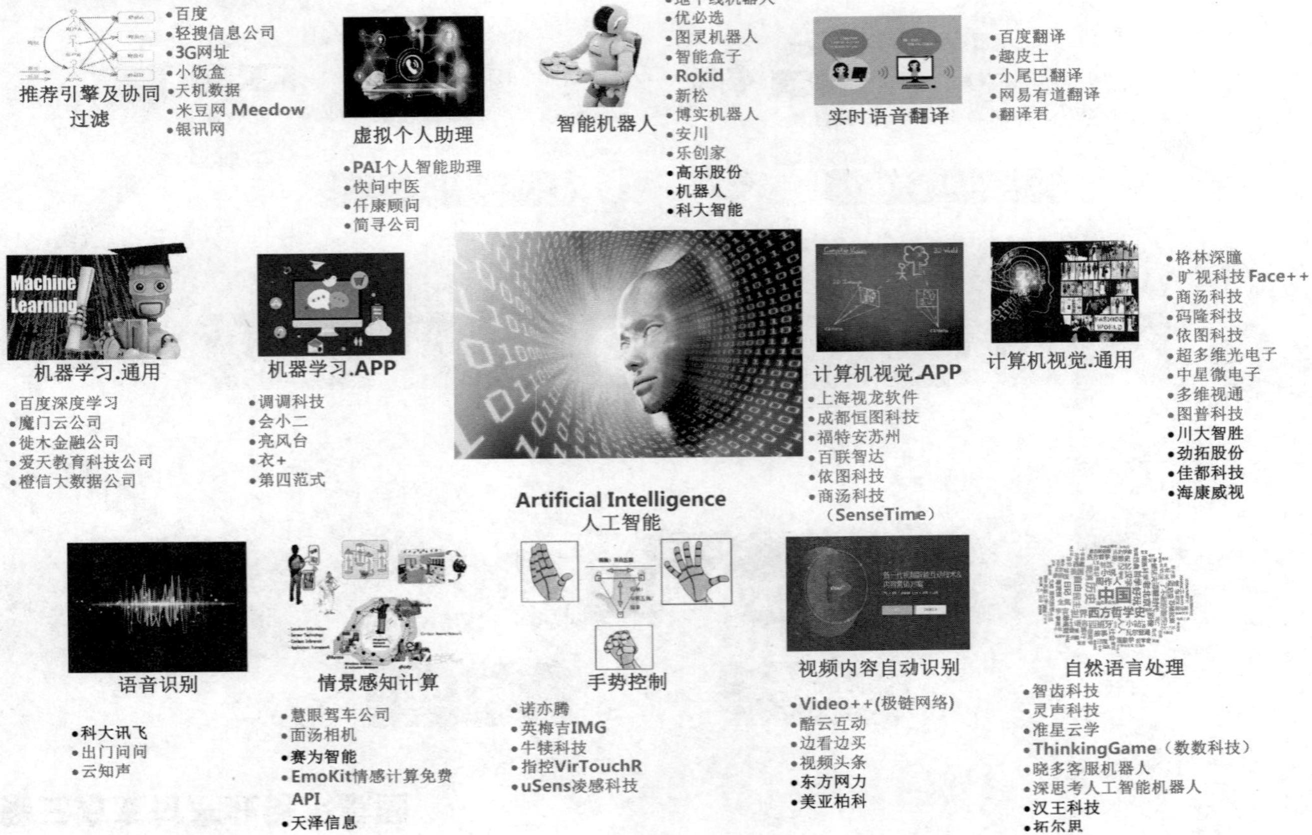

通信设备产业链全图

注：加粗为国内上市公司

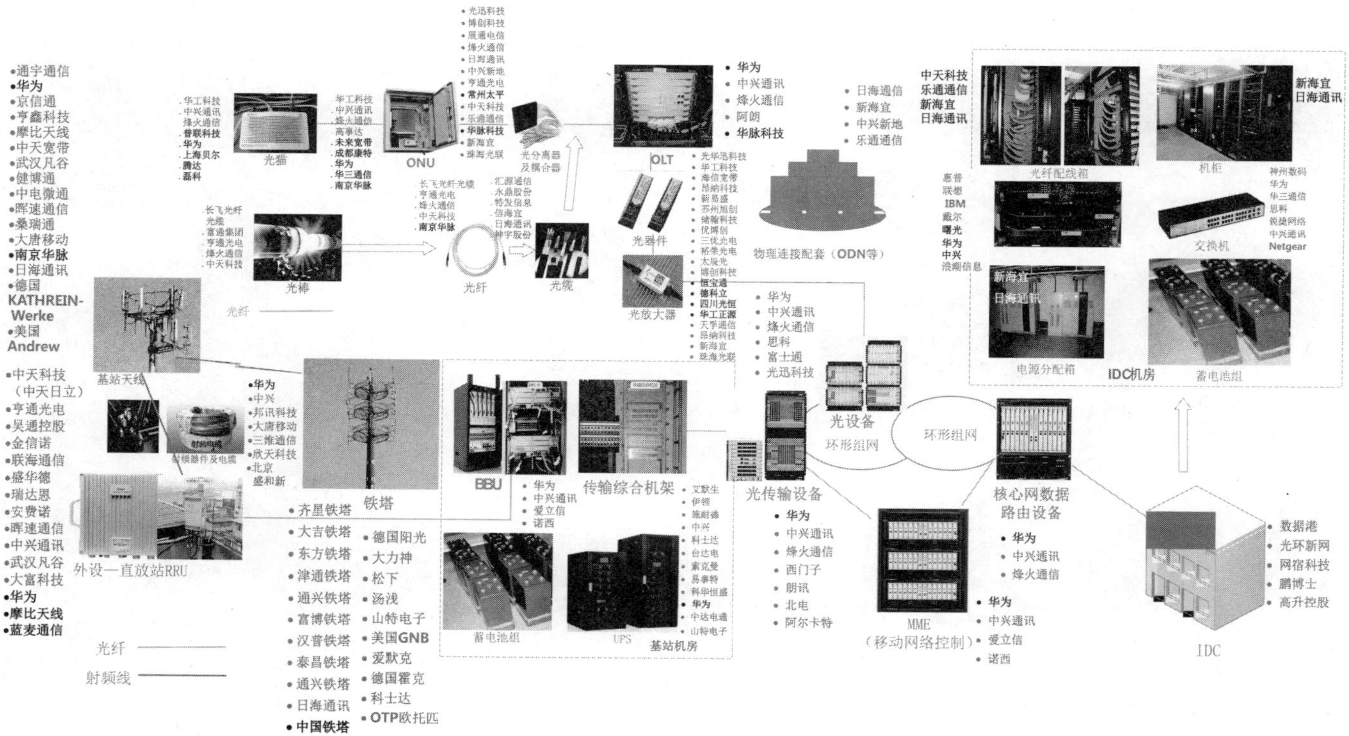